2018年北京农学院学位与研究生教育改革与发展项目资助

都市型现代农业发展研究

——"创新农经行动计划"调研成果（2017—2018）

刘 芳 唐 衡 主编

中国财经出版传媒集团

中国财政经济出版社

图书在版编目（CIP）数据

都市型现代农业发展研究："创新农经行动计划"调研成果.2017—2018/刘芳,唐衡主编.—北京：中国财政经济出版社,2021.6

ISBN 978-7-5223-0379-6

Ⅰ.①都… Ⅱ.①刘… ②唐… Ⅲ.①都市农业-农业经济发展-中国-文集 Ⅳ.①F323.1-53

中国版本图书馆 CIP 数据核字（2021）第 027063 号

责任编辑：武志庆　　　　　　　　　责任校对：胡永立
封面设计：王　颖　　　　　　　　　责任印制：张　健

都市型现代农业发展研究

DUSHIXING XIANDAI NONGYE FAZHAN YANJIU

中国财政经济出版社 出版

URL：http://ckfz.cfeph.cn

E-mail：cfeph@cfeph.cn

（版权所有　翻印必究）

社址：北京市海淀区阜成路甲 28 号　邮政编码：100142
营销中心电话：88190472　88191537
天猫网店：中国财政经济出版社旗舰店
网址：https://zgczjjcbs.tmall.com
北京富生印刷厂印刷　各地新华书店经销
成品尺寸：170mm×240mm　16 开　12.5 印张　149 000 字
2021 年 6 月第 1 版　2021 年 6 月北京第 1 次印刷
定价：50.00 元
ISBN 978-7-5223-0379-6
（图书出现印装问题，本社负责调换）
本社质量投诉电话：010-88190744
打击盗版举报热线：010-88191661　QQ：2242791300

本书编委会

主　编：刘　芳　唐　衡

副主编：武广平　徐雅雯　邬　津　吴　瞳

参　编：(按姓氏笔画排序)

陈吉铭　成鹏远　高彬斌　孔阿飞

李新君　李子菲　刘　驰　李春媛

梅雨婷　孙　玥　田　振　王　赢

吴伟杰　许　萍　徐伟楠　赵雪阳

张钰宸　张　环　张　萍

前　言

"创新农经行动计划"是北京农学院经济管理学院为提高学生实践调研能力实施的创新性培养项目。该项目于2008年开始实施，2008年经济管理学院农林经济管理专业被评为北京市特色专业，学院结合此专业自身特点，以培养适应北京市都市型现代农业发展需要的经济管理应用型人才为目标，开展了这项通过实地调研发现实际问题的创新型行动项目。"创新农经行动计划"通过组织农林经济管理专业学生深入京郊大地，进行农村、特色农业产业或农产品市场的相关调研，了解京郊农业发展现状和农民所需所想，并撰写调研报告，提高学生发现与解决实际问题的能力，探索破解都市型现代农业发展问题的新途径和新手段。

2017—2018年的"创新农经行动计划"校外调研实习平台，学院组织学生利用寒暑期到京郊进行了以乡村旅游、休闲农业、农产品电子商务、产业扶贫、有机肥使用等为主题的社会实践调研，本书就是学院2017—2018级学生系列调研活动的主要成果。其中既有对当前都市型现代农业热点、前沿问题的积极探索，也有对产业扶贫、农民增收等问题的深入剖析；既有对特色农业产业化发展的宏观思考，也有对典型农产品市场和经济效益的微观分析。

本书大部分调研报告是围绕都市型现代农业这一主题展开的。都市型现代农业是20世纪50—60年代由美国经济学家首先提出的，其英文"Agriculture in City Countryside"原意是指毗邻都市，在城乡边界模糊区域发展起来的，可为都市居民提供优良农副产品并具有优美生态环境的高集约化、多功能的农业。都市型现代农业有着不同于传统农业的几个显著特点：第一，都市型农业必须服从城市的需要，其农产品的数量、种类、农业的空间布局等均需按照城市居民需要进行规划，由城市需要决定农业发展；第二，都市农业是生态的、美观的，给人以享受的；第三，都市农业是高度集约化和多功能的，可以实现生产、加工、销售的一体化发展。当前的都市农业大致有以下几种表现形式：观光农园、市民农园、休闲农场、假日花市、教育农园、会展农业等。这些形式大多都与旅游、观光、体验有着密不可分的关系。

本期"创新农经行动计划"共有7个小组围绕"乡村旅游"这一典型都市农业主题开展了调研，他们分别考察了北京市昌平区，昌平区十三陵镇、碓臼峪、康陵村，密云区古北水镇，海淀区精灵农庄以及河北省的太行水镇等适宜发展乡村旅游的典型村镇或休闲农庄，涉及当地乡村发展现状、乡村旅游发展潜力、乡村旅游游客满意度、乡村旅游发展规划、乡村旅游扶贫开发等一系列问题。

另有5个小组分别从农产品电子商务、农民增收与产业扶贫、有机肥使用与废弃物资源化利用、特色农产品产业化和乳制品消费行为这几个近年来农业的新型和热点问题设计了调研方案并进行了实地调研，拓展了都市型现代农业的关注面，从微观角度对具体问题进行了分析。

本期"创新农经行动计划"的开展，让农林经济管理专业的学生更深刻地体会了"实践出真知"的道理，并用实际行动践行了校训中的"笃行""尚农"。同学们在调研过程中，不仅对课堂学到的理论知识有了更好的理解与感悟，而且团队凝聚力得到提升，更重要的是激发了队员们坚持不懈、探究真理的精神，为以后的科研工作奠定了坚实的基础。

目 录

北京市昌平区民宿旅游发展现状及其对策分析 …………………… 1
 一、研究背景 ………………………………………………………… 1
 二、研究的目的与意义 ……………………………………………… 2
 三、北京民宿的发展现状 …………………………………………… 3
 四、调查方法及样本分析 …………………………………………… 4
 五、昌平区民宿旅游 SWOT 分析 …………………………………… 9
 六、影响民宿旅游发展的因素 ……………………………………… 13
 七、昌平区民宿旅游发展的对策建议 ……………………………… 16

北京市昌平区十三陵镇暑期社会实践调查报告 ……………………… 18
 一、研究背景 ………………………………………………………… 18
 二、理论基础部分及文献研究综述 ………………………………… 19
 三、研究设计 ………………………………………………………… 22
 四、十三陵镇乡村旅游服务满意度分析 …………………………… 24
 五、对策建议 ………………………………………………………… 29
 参考文献 ……………………………………………………………… 31

北京市昌平区碓臼峪休闲农业现状分析及满意度调查 ……………… 32
 一、研究背景 ………………………………………………………… 32
 二、文献综述 ………………………………………………………… 33
 三、昌平区休闲农业发展现状 ……………………………………… 36

四、研究模型与研究数据 ··· 38
　　五、模型估计结果 ·· 42
　　六、研究结论和建议 ··· 45
　　参考文献 ··· 47
北京市昌平区康陵村暑期社会实践调查 ································ 49
　　一、研究背景 ··· 49
　　二、研究意义和目标 ··· 50
　　三、以康陵村为例研究民俗旅游的保护与开发 ····················· 52
　　四、康陵村调查问卷分析 ··· 55
　　五、北京民俗旅游发展的对策 ·· 57
北京市密云古北水镇民宿区乡村旅游研究 ······························ 60
　　一、引言 ·· 60
　　二、密云区古北水镇民宿区乡村旅游产业发展分析 ··············· 64
　　三、消费者对乡村旅游产业的认知情况 ····························· 67
　　四、密云古北水镇民宿区乡村旅游产业发展存在的问题 ········· 72
　　五、密云古北水镇民宿区乡村旅游产业发展的建议 ··············· 73
北京市休闲农业旅游产品消费行为研究——以海淀区精灵农庄为例 ···· 76
　　一、基本情况 ··· 76
　　二、调查结果概述及分析 ··· 78
　　三、存在的问题 ··· 83
　　四、北京市休闲农业消费行为的影响因素研究 ····················· 84
　　五、北京市创意农业产业发展研究的结论与建议 ·················· 91
河北省保定市太行水镇旅游扶贫开发效应研究 ························ 93
　　一、研究背景 ··· 93
　　二、研究意义 ··· 94
　　三、太行水镇社会经济及旅游扶贫开发现状 ························ 95
　　四、太行水镇扶贫开发调查与分析 ·································· 99
　　五、太行水镇旅游扶贫开发的效应分析 ····························· 103

  六、太行水镇旅游扶贫开发措施建议 …………………… 105
"多点"用户网购农产品满意度分析调查 …………………… 107
  一、绪论 …………………………………………………… 107
  二、"多点"平台概况 ……………………………………… 110
  三、"多点"用户网购农产品满意度分析 ………………… 111
  四、新零售平台存在的问题及解决办法 ………………… 115
  五、对策建议 ……………………………………………… 116
  参考文献 …………………………………………………… 118
北京市昌平区十三陵镇农民增收状况与增收路径选择 ……… 119
  一、研究背景 ……………………………………………… 119
  二、研究意义和目标 ……………………………………… 120
  三、十三陵镇基本情况 …………………………………… 121
  四、十三陵镇农民增收机制和模式选择 ………………… 123
  五、十三陵镇居民收入水平以及结构分析 ……………… 129
  六、北京市十三陵镇农民增收路径选择的对策建议 …… 137
北京市昌平区小汤山镇有机肥使用情况调查 ………………… 139
  一、引言 …………………………………………………… 139
  二、北京市有机肥基本情况介绍 ………………………… 145
  三、小汤山镇简介 ………………………………………… 147
  四、小汤山镇有机肥使用情况 …………………………… 148
  五、小汤山镇有机肥利用效果 …………………………… 150
  六、调查结论与展望 ……………………………………… 151
  参考文献 …………………………………………………… 155
北京市怀柔区板栗产业化发展规划研究 ……………………… 156
  一、研究背景与目的 ……………………………………… 156
  二、怀柔板栗产业发展现状概述 ………………………… 157
  三、怀柔板栗产业发展的优劣势分析 …………………… 162
  四、怀柔区板栗产业现存的问题 ………………………… 168

五、怀柔区板栗产业化发展的建议 …………………………………… 171

乳制品消费行为分析——基于北京市 200 份调查问卷 …………… 177
  一、问题提出 …………………………………………………………… 177
  二、问卷调查 …………………………………………………………… 178
  三、问卷的处理与分析 ………………………………………………… 179
  四、变量设定和模型构建 ……………………………………………… 183
  五、结论与展望 ………………………………………………………… 187

北京市昌平区民宿旅游发展现状及其对策分析

吴伟杰　魏东雄　曹润　郑金龙　张彤　张淼　张丽鑫　张爽

一、研究背景

　　民宿旅游是近几年发展起来的新兴产业，这一新兴业态的蓬勃发展，不仅使一部分闲置房屋有了再利用的价值，也为乡村、城市居民带来了十分可观的收益。我国台湾地区的民宿业发展最为成功，其最初的发展动力来自当地的农政管理部门。当时，台湾地区的经济转型使部分传统农业逐渐被现代工业所替代，导致大量农村人口前往城市打工，使城乡人口分布不均，"空村"现象加剧，当地农政管理部门针对该现象大力发展乡村休闲活动，如休闲农场、林场、牧场、植物观光园、民宿等。这些新开发的产业不仅留住了当地人口，为他们带来就业机会，也为当地旅游业带来了不错的经济效益。

　　目前北京民宿还处于发展初期，以农家乐最为典型，但民宿业主常常不清楚自家民宿经营优势，而将其发展为"农村宾馆"。在人们的收入水平和生活品质不断提高的同时，现代游客的消费心理已经发展到体验生活美感阶段，所以北京民宿在发展中更重要的是挖掘北京的文化内涵和艺术特色，满足游客的体验需求以及对自然原味的追求。

二、研究的目的与意义

城市化进程的加速使人们对乡村质朴的传统文化、优美的景色、返璞归真的田园生活有了更多的憧憬。北京民宿行业刚刚起步，目前多数农村民宿还停留在农家乐的基础上，真正意义上的民宿很少。如何结合资源环境合理地发展民宿，使其走向可持续发展的道路，并成为旅游业的又一新经济增长点，是新形势下的重要课题。因此，应使更多的人了解北京民宿，了解其依托的优质资源，使民宿硬件设计能与周围的自然环境相得益彰，并能给游客带来更有品质的居旅体验。

从社会方面看，民宿这种具有人文历史、生态环境、创意文化生活的新兴业态，能够使乡村遗留下的传统文化、传统建筑得以保留和延续；能够调整一些乡村的经济产业结构，使村民的生活方式与社会价值观发生转变，促使村民素质得到提高。从经济方面看，民宿能够推动乡村旅游业的发展，能够使居民的闲置房屋得到再利用。大量的民宿从业者重回乡村，其中不乏受过教育、有文化的人才，他们能够发掘当地人文历史背景、自然生态资源、传统民间风俗，并用现代的文化创意手法来营造民宿，从而重塑乡村魅力，带动乡村旅游业经济发展。从产业方面看，民宿非常符合当前市场需求。北京地区居民可支配收入较高，私家车拥有率高，交通系统发达便利，民宿发展拥有"天时、地利、人和"，民宿这样兼具人文属性、自然属性的旅游产品，满足了新形势下的创意文化产业发展需求。

当前，我们十分有必要对北京民宿的概念界定、目前存在类型及空间分布规律做出总结，使更多的人对北京民宿的发展现状有宏观上较为清晰的认识。本篇报告通过各类型优秀民宿案例分析，研究民宿目前存在问题以及未来发展方向，为北京民宿的下一步发展提供借鉴和参考。

三、北京民宿的发展现状

据相关资料统计，截至2015年底，北京有民宿共计12000余户，其中民宿旅游户已达到8863户，旧城内胡同民宿110余个[①]，高层公寓独立房间型民宿2800余个[②]。其中民宿旅游户数量最多，其所在的民宿旅游村已达到207个，民宿旅游接待人次1914.2万人，实现经营收入11.2亿元。虽然民宿旅游户的数量相比于2011年的高峰数量13907户有着明显下降趋势，但接待旅游次数却同比增长14.7%，总收入增长了近30%。这更说明北京民宿已经从数量大规模扩张阶段走向了规范化、特色化阶段，在淘汰了一批低档次民宿后，北京民宿更要朝着设施便利化、服务规范化、装饰个性化、产品特色化的资源优势迈进。

目前，北京民宿的发展呈现出蓬勃的生机，新的形式内容也不断涌现：在文化底蕴深厚的古朴村落里，人们能够体验到传统山地合院的建筑形式、原生态的生活方式以及独具特色的民风民俗；在中心城区的老北京四合院民

---

① 数据统计来自于爱彼迎、携程网。
② 数据统计来自于小猪短租网。

宿，不仅能够方便游客参观天安门、故宫、大栅栏等历史建筑景观后的住宿需求，游客也能体验到老北京传统居住空间的独特气氛，与当地居民开展更多的交流，了解更多的胡同文化生活。

在高密度建筑地域内的高层住宅楼内，游客在享受现代化设施便捷的同时，也能体会和房屋主人同住一个屋檐下的快乐，享受房主按照个人爱好精心布置的室内空间；在近郊艺术家设计的民宿里，游客能够体验前卫而个性化的民宿设计，感受建筑与自然和谐相容的美，以及大师在细节设计上的精益求精；在京郊的农家院里，除了感受农家生活外，游客可进行垂钓、采摘、拓展、"真人CS"等多种娱乐和休闲活动；在新农村改造的现代独栋或联排别墅里，和同学、家人享受聚会的热闹。此外，还有一些民宿非常注重与周边的景观相结合，在设计中充分考虑房间的朝向、公共区域视野以丰富游客的住宿体验，以此树立自身的品牌特色。

大多北京民宿已采用网上预订、网上付费的方式，由网络平台为游客担保民宿的质量、服务水平以及承担相应的安全管理责任。游客根据自身的需求，在爱彼迎、大众点评、携程、小猪短租等网络预订平台了解民宿信息并预定，方便快捷。综合性、多样性的发展特征从侧面体现了北京民宿的整体进步以及未来发展的良好前景。

四、调查方法及样本分析

我们对受访者进行随机抽样问卷调查，发放问卷107份，其中7份问卷存在数据缺失，故回收有效样本100份，样本有效率为93.46%。有效样本中，男性受访者共计52人，女性受访者共计48人，由此可见，性别因素对民宿旅游无明显影响;问卷调查涉及各年龄段的游客,其中年龄在19~25岁的比例最大,占61%。由此可见,民宿旅游深受年轻群体的喜爱。

"旅游对于您的意义"一题中,有4人选择"不需要",44人选择"可有可无",超过一半以上的游客选择"必不可少";旅游类型倾向一题中,54人选择乡村旅游,46人选择城市旅游。随着消费能力和消费水平的提高,居民的休闲方式和娱乐方式变得丰富,旅游对居民生活越来越重要,且有一半以上的受访者倾向于乡村旅游。由此可见,乡村旅游发展具有重要意义。

在"影响您选择旅游的类型及出行方式的因素有哪些"一题中,对居民出行影响前三的因素分别为:可支配的时间、个人工资水平、出行的季节。其中,80%的居民出行要考虑可支配时间因素,54%的居民要受到个人工资水平的影响。由此可见,时间和资金支持是制约居民旅游出行的重要因素。

在对昌平区民宿旅游了解程度的调查中,超过半数的受访对象不是昌平地区人,且对昌平区旅游不甚了解(见图1)。由此可见,昌平地区旅游吸引了其他地区游客,具备旅游意义,但由于宣传工作不到位,游客对昌平区的了解程度偏低。

在对受访者预定民宿方式调查中发现,80%的受访者选择网上预定。由此可见,网上预约民宿是绝大多数游客出行的首选方式(见图2)。

对受访者民宿价格调查结果显示,59%的受访者会选择150~300元/天,21%的受访者会选择低于150元/天的民宿。由此可见,游客能够接受的民宿价格为300元/天以内,只有少数游客愿意支付超过300元/天的价格。在此

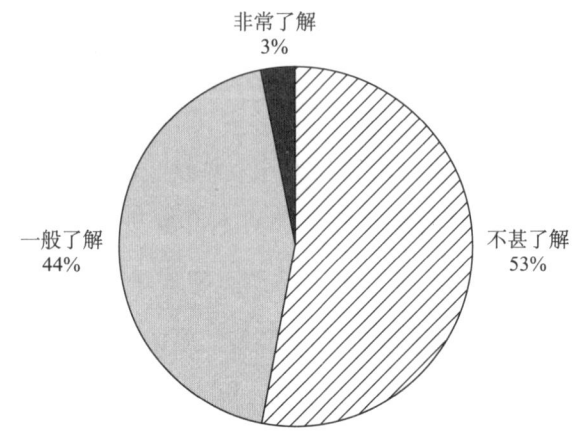

图 1　受访者对昌平区乡村旅游民宿旅游的了解程度

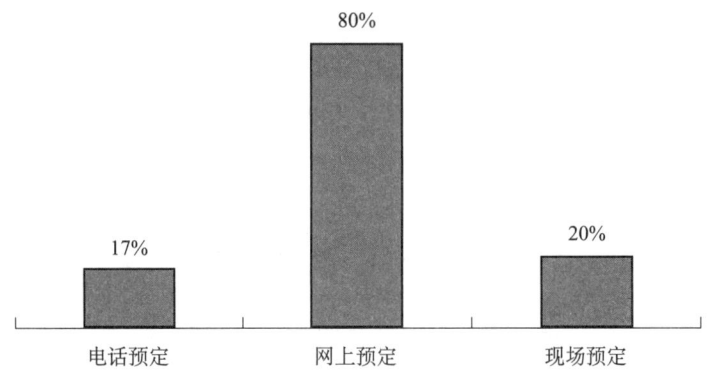

图 2　受记者预定民宿方式汇总

基础上，有68%的受访者认为昌平区的民宿价位合理，32%的受访者认为价位偏贵（见图3）。

对昌平区民宿吸引力的调查结果显示，超过一半的受访者选择了"环境舒适""交通便利"，超过30%的受访者选择了"价格合理""餐饮有特色且丰富""能体验当地人文风俗""安全设施齐全"（见表1）。

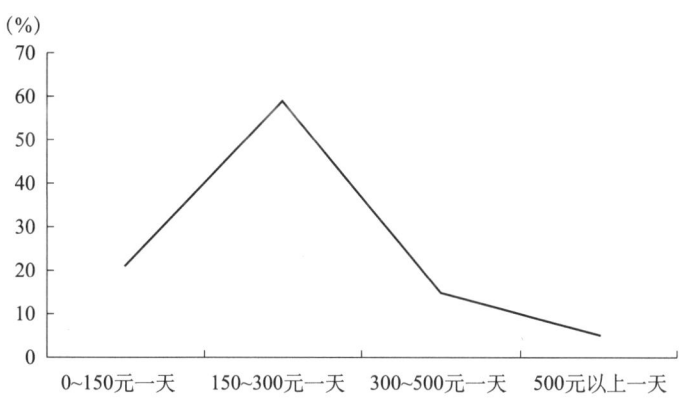

图3 受访者愿意支付民宿价位汇总

表1	昌平民宿旅游吸引点
选项	百分比（%）
环境舒适	55
交通便利	54
价格合理	34
餐饮特色且丰富	34
能体验当地人文风俗	32
安全设施齐全	31
服务态度亲切友善	29
建筑装修独特	25
口碑评价好	20

对昌平区民宿不足的调查结果显示，62%的人选择了"知名度不够，鲜少有人知道"，超过40%的人认为存在"旅游产品单一""基础设施不完善"的不足之处（见表2）。

表2　　　　　　　　　昌平区民宿旅游存在的不足之处

选项	百分比（%）
知名度不够，鲜少有人知道	62
旅游产品单一	47
基础设施不够完善	43
工作人员服务意识低	38
卫生状况差	37
价位不够合理	17
安全系数低	10

关于昌平区民宿旅游改进措施建议，60%以上的受访者认为应该"丰富旅游产品，发展自身特色""加大宣传力度"。由此可见，丰富民宿旅游产品，加大宣传是昌平区民宿旅游改进的重中之重（见表3）。

表3　　　　　　　　　　切实有效的改进措施

选项	百分比（%）
丰富旅游产品，发展自身特色	63
加大宣传力度	62
做好卫生管理工作	58
完善设施设备，提高硬件设施	56
突出"民宿"这一不同概念，增加民宿文化特色	53
增强员工服务意识，提高服务质量	53

关于受访者对昌平民宿旅游未来发展的期待，60%以上的受访者选择"功能更加齐全""模式不再单一"，50%以上的受访者选择"管理制度更加完善"（见表4）。

表 4　　　　　　　　　昌平区民宿旅游的未来发展的期待

选项	百分比（%）
功能更加齐全	68
模式不再单一	60
管理制度更加完善	55
成为旅游业的主流	44

五、昌平区民宿旅游 SWOT 分析

（一）优势（Strength）

1. 旅游资源丰富

昌平区广大农村不仅远离都市、民风淳朴，而且风景秀美，旅游资源多样，动植物资源种类繁多，盛产多种水果（西瓜、板栗、柿子等），为民宿旅游项目的开发提供了有利条件。昌平区还拥有内涵深厚的非物质文化遗产（太平鼓表演、曲艺演唱、手工技艺等），而且各地区的传统习俗都独具特色。另外，令人垂涎欲滴的特色美食也都助推了民宿旅游的发展。

2. 客源市场充沛

截至 2016 年末，北京市常住人口 2172.9 万人，比 2015 年末增加了 2.4 万人，增长 0.1%。北京市地区生产总值（GDP）达到 24899.3 亿元，比 2015 年增长 6.7%。面临着一个 2000 多万的大都市，昌平区民宿旅游市场需求前景十分广阔。庞大的人口基数和发达的经济水平无疑为昌平区发展民宿旅游提供了充沛的客源市场。

3. 便捷的交通

交通是旅游的六大要素之一，其在旅游业发展中占有举足轻重的地位。旅游交通要素不仅包括旅游巴士、景区内部交通、旅游包机等旅游专属交通工具，也包括公路、铁路、民航等公共交通网络。近年来，北京公交、轻轨、地铁等交通工具日臻完善。资料显示，2016年北京市高速公路总里程达1014公里，轨道交通运营里程达574公里，公交专用道总里程达845公里，京冀公交线路增至39条。四通八达的交通，让越来越多的游客感受到城乡出行的便捷、畅通，有力地促进了昌平区民宿旅游的发展。

（二）劣势（Weakness）

1. 经营思想较为传统

昌平区民宿旅游业部分经营者依然保留着以往经营"农家乐"的理念，他们想发展，却一直"心有余而力不足"。自2015年起，在区政府的大力支持下，农民利用空闲房屋装修成山庄，虽然数量不断增加，但是总体档次偏低，品牌化的精品民宿较为欠缺，"吃农家饭、摘农家果、做农家事、住农家屋"的老套路随处可见。

2. 民宿特色不够明显

现有的乡村民宿大多为增补景区接待能力而建，集中分布在旅游景区周围，没有明确的经营目标，没有细分客源市场。由于没有脱离休闲农业的本质，未能挖掘出地道的风土人情，较为接近一般旅社或度假俱乐部，乡村民宿旅游特色也未能很好地体现出来。同时，由于缺乏规划协商，民宿产品同质化现象严重，甚至出现抢夺游客资源等恶性竞争现象。

3. 经营水平有待提高

民宿经营者对利益的一味追求和自身素质的不足，使民宿旅游的产品、服务质量参差不齐。接待人员多为当地居民，缺乏系统的专业指导和基本的服务技能，与规范化、标准化的旅游接待水平存在较大差距，与游客要求的符合风土人情的特色服务更是相去甚远。在设施方面，受资金投入限制，部分农家乐在转型为民宿时，配套设施未能跟上，卫生状况也不尽如人意。由于营销手段匮乏，大多民宿主要依靠旅行社组团营销，或者坐等团助游散客上门，因此，旺季一房难求，淡季大片闲置。

(三) 机遇 (Opportunity)

1. 政府的重视和政策支持

北京市政府一贯高度重视民宿旅游的发展，不断加大政策扶持力度，相继出台了一系列政策，为民宿旅游的发展提供了政策保障。北京市政府编制了《北京市观光农业发展总体规划》，市农委和市旅游局联合编制《2005—2010年北京市乡村旅游发展规划》，北京市质量技术监督局发布并实施《乡村旅游特色业态标准及评定》，这些政策有力地推动了北京民宿旅游的健康积极开展。

2. 市场需求的日益扩大

城市化在给首都人民带来繁荣和财富的同时，也带来了生活节奏加快、竞争激烈、环境恶化等一系列问题。民宿旅游凭借其优美的自然风光和淳朴的风土人情对市民产生了极大的吸引力，迎合了人们追求享受田园风光、回归自然、体验民风民俗的愿望。近年来，以周末游、短期自驾游为主要形态的民宿旅游在北京市得到了飞速发展。

3. 私家车数量的增长

民宿旅游主要以接待短途游客为主，且游客大多选择自驾车出行。截至2016年6月底，全国机动车保有量达2.85亿辆，其中北京市汽车保有量位居第一位，共计544万辆。随着北京市私家车数量的不断增加，乡村旅游受到追捧。另外，汽车租赁市场的不断发展，租赁手续的日益简化和安全，为自驾游客人带来了全新的租车体验，这也将助推民宿旅游的进一步发展。

（四）挑战（Threat）

1. 标准缺失带来的产品低品质风险

鉴于我国民宿业并未实施统一管理，各地民宿指标各不相同，在利益驱动下，容易出现低品质民宿。我国当前旅游业中广受欢迎的是"农家乐"和民宿这两种小型旅游服务。然而，如何保护乡村地方风貌、丰富当地人文内涵等问题仍未解决。尽管民宿强调温情化和个性化，但仍需相关标准对其进行综合评定，促进民宿业健康发展。因此，我们建议国家旅游管理部门牵头制定关于民宿的国家级标准，并从民宿规模到民宿管理等方面给予必要的指导和规范。

2. 低质服务阻碍优良品牌的形成

游客之所以愿意选择乡村民宿旅游，很大程度上是由于对当地民俗风貌的欣赏和喜爱，对民宿主人兴趣品味的认同或好奇，对不同人生体验与阅历的向往和追求。相对周边省市，昌平区民宿主人大多没有较为丰富的生活阅历，可能会影响游客感知服务及体验品质，阻碍本地民宿品牌的形成。

3. 过度开发带来的环境退化

乡村民宿旅游胜在自然风光与质朴民俗的结合，但是过度开发导致的自然资源破坏、商业气息弥漫，将会降低民宿魅力。虽然大多数民宿经营户具有一定的环境保护意识，但目前仍普遍存在一些问题，表现在环保配套基础设施不完善、"三废"乱排乱放等方面，这对自然生态环境的平衡产生了一定的破坏作用。

六、影响民宿旅游发展的因素

（一）缺乏可持续发展规划，资金使用效率较低

目前，昌平区民宿旅游的规划在一定程度上缺乏合理性，尤其是资金使

用方面。随着昌平区"十三五"规划的实施，昌平区民宿旅游发展较快，建设相对较好，但在可持续发展方面，资金使用问题成为发展的障碍。一方面，资金在使用过程中缺乏合理的项目设计，没有针对具体的小项目进行资金分配，缺少充足的后续资金来保证乡村旅游的顺利建设。另一方面，资金在拨付过程中，也存在资金浪费，致使真正用于民宿旅游建设的资金大大减少，从而使昌平区民宿旅游发展变缓。

（二）产品同质化日益严重，民宿特色不明显

随着近年来的旅游业发展，乡村民宿旅游产品逐渐增多，随处可见的民宿旅游、观光园、体验农家生活等方式逐渐增多，但缺乏地区特色，未能结合昌平区本身特色文化进行开发，使民宿旅游产品质量有待提高。昌平区自然条件优越，历史文化悠久，文化资源丰富，但开发者不能把文化融入民宿旅游之中，开发仅仅停留在了表面，未能深入下去，只停留在初级产品的开发和拓展，未能做到延伸产业链，进行产业升级。除此之外，在市场饱和状态下，行业门槛并未提高，单单是数量增多，质量有待提升，特色发展不明显，成为产业结构升级的难题。

（三）基础设施不完善，配套设施有待提高

在昌平区民宿旅游中发展，配套设施水平不高成为明显的影响因素之一。随着人民生活水平的提高，对民宿旅游的渴望越来越突出，游客希望在休假的时候，可以去乡村区体验"农家乐"。但是，当游客真正到达乡村，发现

乡村的配套设施和环境，基础条件相对较差，游客体验好感度会大大降低，阻碍着民宿旅游的进一步发展，游客去民宿旅游的次数减少，最终使民宿旅游未能给人们留下很深的印象、阻碍其发展。

（四）经营管理存在不足，人员参与积极性不高

民宿旅游大多数在乡村发展，人员的基本素质水平相对较差，影响着民宿旅游提升其质量。在乡村中，大多数为留守的老人、妇女、儿童，男性劳动力较少，能够有时间参与民宿建设的人员相对较少。民宿旅游作为服务业的一种，具有相对较低的附加值，因而未能吸引更多的年轻人去从事。此外，年轻劳动力不愿意去从事民宿旅游，因为参与民宿旅游建设获得的经济报酬不成正比，最终导致旅游领域人才流失，民宿经营愈发困难。

（五）产品恶性竞争严重，破坏了生态环境

在激烈的市场竞争中，产品日益多样化，数量增多的情况下，开发者为了降低生产成本，大大破坏了生态环境，使环境遭受到了破坏。在发展乡村旅游时，良好的生态环境是吸引人民去游玩的重要因素之一。在昌平区有着丰富的自然资源，山雄水秀，名胜古迹众多，人文景观齐全。因此，开发者未能按照自然规律进行改造，而是一味地追求经济效益来进行资源开采，最终导致了自然和人文资源遭到破坏、生态环境每况愈下。

七、昌平区民宿旅游发展的对策建议

（一）加强政府引导

民宿旅游产业发展还处于起步阶段，需要政府的引导和扶持，统筹规划、统一领导、完善机制、依法管理，有层次地、有步骤地推动昌平区民宿旅游产业全面发展；规范市场秩序，加强对各类民宿休闲旅游业服务标准和从业人员素质的检查考核，大力推行民宿休闲旅游服务标准化、国际化，规范旅游服务行为；加强市场管理，切实维护好广大旅游消费者的利益；制定配套政策，对重点民宿休闲旅游项目给予必要的政策和财政支持。

（二）推进民宿品牌化战略

针对目前民宿旅游产业发展以企业、农户为主体，分布较零散、单体规模较小，品牌意识淡薄、服务不到位，产品缺乏特色、同质化现象明显的现状，未来发展必须走品牌化发展的道路。

（三）联动产业发展

民宿旅游产业的发展要积极实现三次产业联动发展，同时兼顾其他产业的发展，重视合作与优势互补。有效利用有限的农林资源，提高资源整合和配置效率，进一步提升产业附加值，提高产业的经济效益。促进昌平区的产业结构调整，解决面临的市场营销和推广渠道单一、民宿经营者的创新意识薄弱、民宿旅游季节性限制、民宿风格同质化现象严重、外部竞争激烈等几个方面的问题。

（四）发展可持续经营的民宿旅游产业

积极控制民宿旅游产业的发展规模与发展速度，避免盲目性和资源的浪费，考虑生态环境的承载力。将经济发展与生态保护牢牢结合，融入发展。加大对民宿旅游资源及其周边的生态环境保护，加强监管力度，及时发现非法经营以及破坏环境的经营户，对已经造成生态环境破坏的经营者，本着"谁破坏、谁修复"的原则，限期整治。从环境的可持续发展着手，加强旅游生态教育，开展"清洁旅游""文明旅游"活动，最终实现民宿旅游产业的可持续发展。

北京市昌平区十三陵镇暑期社会实践调查报告

王娜　夏岚　罗玲　郭瑞玮　杨培珍　于琦　孟蕊　张龙

一、研究背景

党的十九大报告首次提出乡村振兴战略，为解决"三农"问题作出了总体布局。乡村旅游作为以乡村社区为活动场所、以乡村独特的生产形态、生活风情和田园风光为对象的一种旅游业态，其发展能够起到农民增产增收、农业多元经营、农村美丽繁荣的作用，因此已经成为乡村振兴中的重要引擎。传承乡村文明是发展乡村旅游的精神内核。发展乡村旅游是传承中华文明的一个重要途径。从中华文明的构成来看，乡村文明与城市文明是相互依存的两大文明载体，乡村文明凝聚着民族情感，而高速发展的城市文明也需要历史悠久的乡村文明的滋养。

北京市乡村旅游资源丰富，因此近年来北京市乡村旅游业蒸蒸日上，但从北京市目前乡村旅游发展来看出现了很多问题，例如，只是侧重于其带来的经济效益而忽视对乡村文明的挖掘、季节差异大淡季难以维持、产业碎片化利益协调较弱等。本次暑期到昌平十三陵镇进行调查学习，力求在调查乡村旅游发展的基础上，为北京郊区乡村文化旅游保护、开发和利用提出具体的实践措施。

二、理论基础部分及文献研究综述

（一）概念界定

1. 旅游动机

动机被认为是产生行为的内部驱动要素或者是起到推动的作用。探索的旅游动机主要包括两个层面：一是规范探索、实证探索。实证探索主要涵盖的是人口的统计特点以及旅游动机的关系探索；二是旅游人员的旅游动机的探索以及细致划分市场的旅游动机的探索，旅游的动机与其他要素之间关联的探索。

2. 游客满意度

游客的满意度理论主要涵盖了游客消费行为、景区的服务管理。游客满意度涵盖整体的满意程度以及单个项目满意程度，其衡量主要包括指标体系、测度模型，其中指标体系的设定构建在游客满意影响要素和特点分析的背景之上。

3. 主观幸福感

通常来说，主观幸福感不单单包含了认知成分，还包含了两个维度：一个是积极情绪，另一个是消极情绪。对主观幸福感的考量主要是根据认知成分以及情感成分。其中，情感成分主要包括两类：一类是积极的，另一类是消极的。

(二) 理论基础

1. 旅游动机相关理论

美国学者 E. S. Lee 提出了"推—拉"理论,将其拓展到旅游领域,旅游的动机主要包括两种,一方面是内在的动机,主要基础是驱动力,也就是推动因素;另一方面是外在的动机,主要指的是认知,也就是拉的因素。旅行生涯阶梯的内涵初次被提出是在1982年,在有关旅游者行为的探索中皮尔斯探索提出了,有关之前的旅游经历,年龄相对较高的游客经常回顾和"社交需求(即爱与归属感需求)""自我实现需求"相关的事件;对比来说,年龄较小的游客们注重的是和生理需求有关的事件;除此之外,有着丰富的旅游经验的游客们注重的是自我的实现以及爱和归属感的需求。

2. 主观幸福感相关理论

目前,学者在对该领域进行研究时,普遍认为期望值及实际成就之间所存在的差异,与主观幸福感联系非常地密切。当出现高期望值且与个人的实际存在过大差距时,容易影响人的信心和勇气,而一旦期望值出现过低的现象,则容易让人深感厌烦。在目标理论看来,幸福感的形成是基于自身需求得到满足,目标也已经获得实现。

3. 消费动机理论

消费动机理论提出:动机来源于客观世界对人脑的刺激,消费者动机促使其产生消费行为,不同的动机会促成不同的消费行为。在消费过程中,顾客动机被满足的程度会极大地影响顾客对在消费过程中的情绪和态度,影响他对产品和服务的评价。消费者的动机包含物质和情感动机,物质动机是由物质上的客观缺失引发的,情感动机是由情感上的主观需要引发的。

4. 认知—情感—行为意愿理论

在认知心理学领域,"认知—情感—行为意愿"范式是解释行为发生的一个重要理论。其中,认知是指个人在知识或精神上的状态,是一个以知识、经验和理性计算为基础的思维过程,表现为察觉、信念、观点、理解等;情感是人在对事物基于认知产生的一种心理状态;行为意愿是受到认知和情感影响后形成的一种行为意向,表现为意向、倾向、偏好等。认知、情感和行为意愿被视为行为发生的基础要素。

(三) 国内外研究现状

1. 国外研究现状

Pizam 通过研究美国麻州科德角海滨旅游目的地游客满意度时提出,游客满意度是游客对旅游目的地的期望值与实地旅游体验值比较的结果,如果实地旅游体验的结果大于原先所期望的数值,那么游客表示满意;反之,游客则不满意。这为之后游客满意度相关研究打下了坚实的基础。Chen 和 Tsai 认为,旅游者满意度是旅游者的总体愉悦感或满足程度,它源于旅行体验能满足旅游者的期望以及与旅游有关需要的能力。综上所述,游客的满意度主要强调的是游客的心理预期值与实地感知体验后的比较。

2. 国内研究现状

唐代剑、池静等提出，在做乡村旅游规划设计时，需要考虑乡村旅游项目的特色化和多元化建设，地方旅游局应当鼓励各方介入，强调人性化的服务是乡村旅游不可缺少的部分。万绪才、丁敏等则将游客满意度的概念理解为游客在旅游体验过程中对旅游目的地的旅游基础设施、服务质量水平、自然环境及人文环境等方面是否满足游客的需求标准。梅虎、李瑛等基于不同视角、运用不同的研究方法对游客满意度进行了相关的界定。

3. 研究评述

由以上观点得出，游客满意度是旅游者期望值和旅游者体验感知对比后心理上的差异，旅游者通过对旅游目的地或旅游景区"吃、住、行、游、购、娱"六个要素及去乡村旅游后的感受，最终形成旅游者对乡村旅游的满意度，从而影响游客消费行为。

三、研究设计

（一）基本思路

本文的研究依图 1 所示的思路展开。

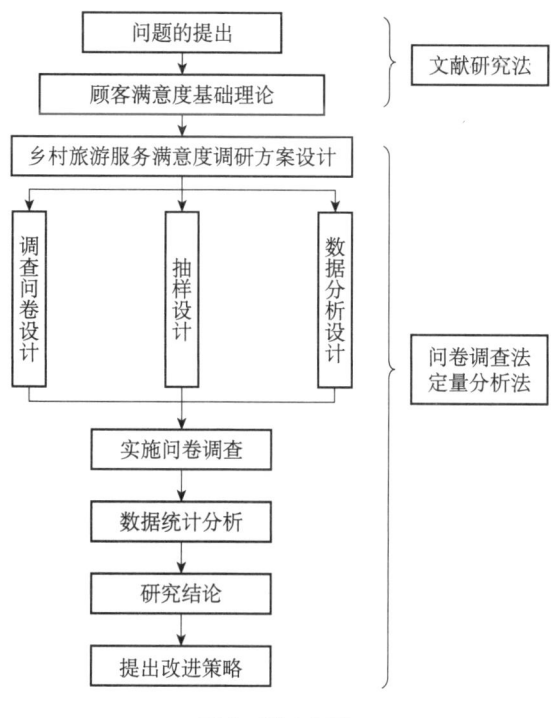

图 1 研究思路

（二）研究方法

文献研究法。本文主要搜集了一些关于乡村旅游的研究文献，通过阅读和总结学者的文献，在研究方法、研究角度以及研究思路等方面获得了一定的收获。

问卷调查法。本文研究小组成员采用问卷调查的方法对昌平十三陵镇乡村旅游区进行实地调查，能够从客观实际情况出发将理论与实践相结合进行研究，增强了本文研究的客观性、合理性、真实性，为本文研究成果的得出提供了保障。

定量分析法。在实地调查和资料分析的基础上，重视理论分析和实证研究相结合、定性分析和定量分析相结合，充分运用有关统计分析等技术，研究结论可信度较高。

四、十三陵镇乡村旅游服务满意度分析

（一）数据来源

本文以前往北京市昌平区十三陵镇旅游的游客为调查对象，在该镇进行实地调查，共发放问卷 200 份，实际回收 180 份，有效率为 90%，文章利用李克特量表进行分析，设置了"非常不满意""比较不满意""一般""比较满意""非常满意"5 个等级，并且对应"1、2、3、4、5"5 个分值进行数量化分析。

（二）指标的选取

本文研究根据乡村旅游服务的不同层面设计了评价体系，分别涉及服务态度、服务承诺、服务信任、服务体验、服务基础设施 5 个一级指标，18 个二级指标。

其中，服务态度是指服务人员对游客提出服务要求时的反应态度以及遇到困难时的反应；服务承诺是指一些乡村旅游通过海报或者媒体进行宣传时提供的资料与实际服务的符合程度；服务信任是指游客对旅游景点服务人员提供服务质量的放心程度以及对相关旅游附加的信任程度；服务体验是指游

客在旅游景点对"吃、住、玩"各方面的实际体验；服务基础设施是指旅游景点的基础设施设置的外观与实用程度（见表1）。

表1　　　　　　十三陵镇乡村旅游服务满意度分析指标体系

目标层	因子层	指标层
十三陵镇乡村旅游服务满意度分析	服务态度	遇到困难，提供及时的帮助 基本服务要求，热情服务 遇到服务问题，主动处理抱怨问题 出现服务漏洞，积极补救 旅游花费
	服务承诺	承诺服务内容基本能实现 旅游项目与实际体验匹配 旅游安全
	服务信任	能与游客进行有效沟通 解说得准确易懂 诚信购物 餐饮
	服务体验	住宿 旅游项目丰度 旅游项目可参与度
	服务基础设施	设施外观 设施实用 设施与景区的匹配程度

（三）十三陵镇乡村旅游服务满意度调查结果分析

1. 服务态度比较满意

在服务态度方面，游客对"基本服务要求，提供热情服务"的满意度最高，得分为3.75分；其次为"遇到困难时，提供及时的帮助"，得分为3.65分，"遇到服务问题时，主动处理抱怨"为3.42分，游客满意度最低的是"出现服务漏洞，积极补救"，得分为3.25分。总体来说，我们通过分析可以得知游客对十三陵镇的乡村旅游服务态度较为满意，平均得分在3.5分以上（见图2）。

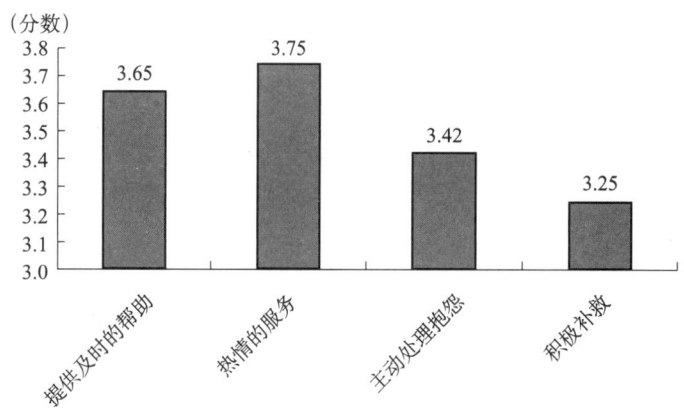

图2　游客对十三陵旅游服务态度满意度情况

数据来源：调查统计数据。

2. 服务承诺存在偏差

在服务承诺方面，游客对"承诺服务内容基本能做到"的满意度最高，得分为3.5分；其次为"旅游项目与实际体验相符"，得分为3.35分；"旅游花费"得分最低，得分为3.21分。总体来说，通过分析，可以得知游客对十三陵镇乡村旅游服务承诺满意程度不太高，平均得分仅为3.35分（见图3）。

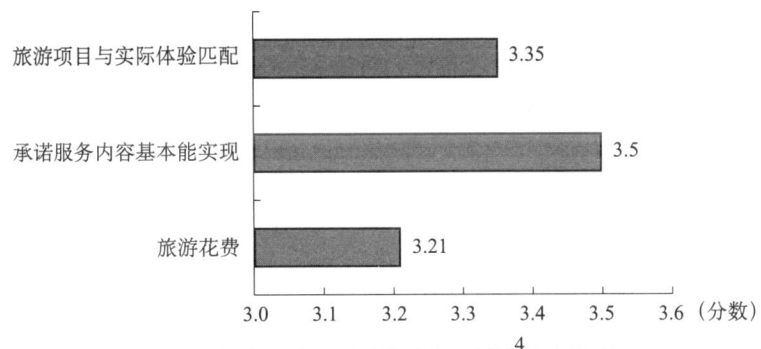

图3 游客对十三陵旅游服务承诺满意度情况

数据来源：调查统计数据。

3. 服务信任程度高

在服务信任方面，游客对"旅游安全"的满意度最高，得分为3.85分；其次为"能与游客进行有效的沟通"，得分为3.75分；"解说准确易懂"得分为3.6分；"诚信购物"得分最低为3.25分。总体来说，通过分析，可以得知游客对十三陵镇乡村旅游服务信任满意程度高，平均得分为3.61分（见图4）。

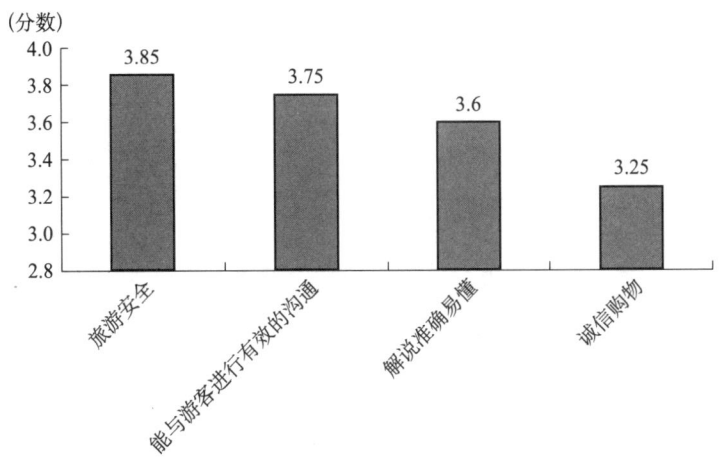

图4 游客对十三陵旅游服务信任程度情况

数据来源：调查统计数据。

4. 服务体验满足需求

在服务体验方面,游客对"餐饮"的满意度最高,得分为3.76分;其次为"住宿",得分为3.63分;"旅游项目可参与度",得分为3.54分;"旅游项目丰富度"得分最低,得分为3.47分。总体来说,通过分析,可以得知游客对十三陵镇乡村旅游服务体验满意程度高,平均得分为3.6分(见图5)。

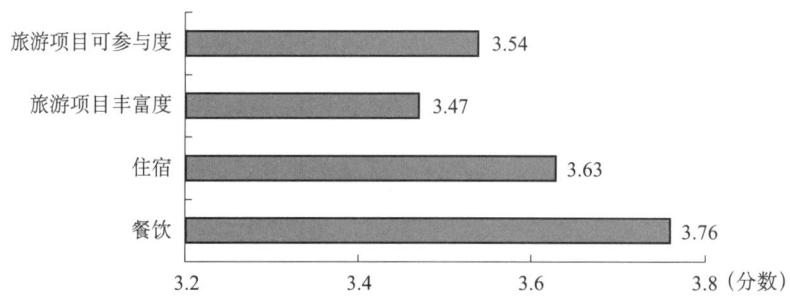

图5　游客对十三陵旅游服务体验满意度情况

数据来源:调查统计数据。

5. 服务基础建设实用性较差

在服务基础设施方面,游客对"设施外观"的满意度最高,得分为3.52分;其次为"设施与景区的匹配程度",得分为3.41分;"设施实用"得分最低,为3.33分。通过分析,可以得知游客对十三陵镇乡村旅游服务基础设施满意程度较低,平均得分为3.42分(见图6)。

总体来说,游客对十三陵镇乡村旅游服务的满意程度比较高,平均满意度得分为3.5分,但是认为十三陵镇乡村旅游在服务承诺和服务基础设施方面的建设还有待进一步提高。

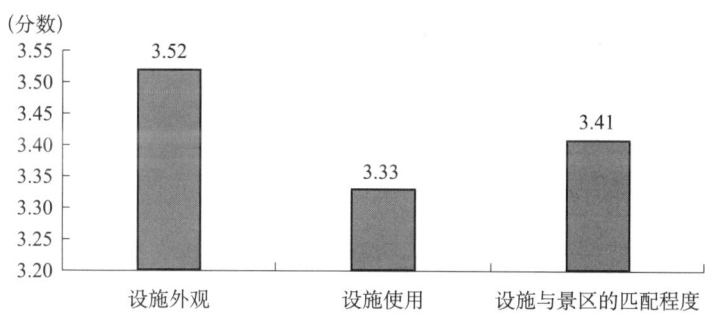

图6 游客对十三陵旅游服务基础设施满意度情况

数据来源:调查统计数据。

五、对策建议

(一)进行科学规划,营造特色乡村旅游景点

景点质量的高低严重影响整体乡村旅游服务满意度。作为乡村旅游景点,吸引游客的是自然生态环境和差异化的生活体验。十三陵镇在进行乡村旅游开发中,应注重结合当地特色,融入民族风情和乡村民俗,在不改变原始风貌的情况下,大力开发特色产品,设计独具地域特色的乡村旅游产品,让游客在游玩和参与的过程中,体会乡村旅游特色,从而提高乡村旅游服务满意度。

(二)提高服务质量,加强景区人文建设

提高乡村旅游服务质量,优化旅游接待及旅游服务水平。在乡村旅游接

待的硬件设施上，可以配备便捷的旅游交通设施，增加和完善市区游客集散中心与旅游景区的公共交通线路场站设施，方便游客出行；改善环卫设施，提供游客干净整洁的旅游环境；高速的信息服务设施，便于游客通信的通畅。在乡村旅游接待的软性服务方面，可以提高服务意思，通过与旅游院校和职业培训中心等旅游教育培训网络进行合作，强化从业人员服务意识，加强对游客的人性化关怀，提高旅游接待服务人员的服务质量；提高规范的服务方法，进行科学的服务设计和专业的接待服务流程。

（三）定期进行游客满意度测评

定期进行游客满意度测评，了解游客的需求和期望，从而把握游客的满意程度，有利于产品和服务质量的持续改进和创新，有利于十三陵镇乡村旅游竞争力的不断增强。测评内容可以具体到"吃、住、行、游、购、娱"方面，根据游客满意度测评进行相关方面的改进，有利于不断地提升乡村旅游服务满意度。

参考文献

[1] 许小红,甘永萍,方世巧.养生型乡村旅游地模糊感知研究——以坡月村为例[J].广西师范学院学报(自然科学版),2018(2):1-9.

[2] 李前隆,白祥.达坂城区居民乡村旅游满意度研究[J].农村经济与科技,2018,29(12):69-70.

[3] 巩妮,朱美宁,李晨菁.基于SEM的乡村旅游游客满意度实证研究——以咸阳袁家村为例[J].经济研究导刊,2017(32):115-117.

[4] 马雄波.游客乡愁对乡村旅游满意度与忠诚度的影响研究[D].中南财经政法大学,2017.

[5] 黄炜,孟霏,白雪琴,易肖肖.集中连片特困区乡村旅游满意度影响机制实证研究——以武陵山片区张家界、凤凰为例[J].资源开发与市场,2017,33(1):110-115.

[6] 田璐,林宪生,邓薇,江海旭.基于SEM的智慧旅游满意度研究——以山西皇城相府为例[J].国土与自然资源研究,2014(4):83-86.

[7] 李琳,徐洁.我国乡村旅游游客满意度区域差异特征比较研究[J].求索,2013(4):259-261.

[8] 蔡洁.重庆乡村旅游满意度调查及发展对策[J].安徽农业科学,2010,38(33):19025-19027.

[9] 周运瑜,田金霞,阳芳.凤凰古城休闲旅游满意度研究[J].旅游论坛,2010,3(5):525-529.

[10] 粟路军,黄福才.城市居民乡村旅游满意度的实证研究——以长沙市为例[J].旅游科学,2009,23(4):42-49.

北京市昌平区碓臼峪休闲农业现状分析及满意度调查

李新君　李宇佳　王兆怡　殷炳楠　尤泽凯　张海洋　张华颖　张萍

一、研究背景

近年来，农旅融合作为一种新型田园生态产业形态和消费形态在我国迅速兴起，目前，已成为城市居民观光、体验、康养、度假首选的时尚生活方式。休闲农业是一种高度融合的新型产业，具有经济、社会、教育、保健、环保、文化、生态、旅游等多种功能，加快休闲农业的发展对调整农业产业结构，促进转型发展有着重要的意义。随着京津冀一体化，特别是在乡村振兴大背景下，京郊休闲旅游发展迎来了极大的机遇。因此，研究北京地区休闲农业发展现状及对策，对促进其经济社会和谐发展、率先建成小康社会具有重要的意义。本文旨在通过剖析昌平区休闲农业发展现状，以昌平区碓臼峪村为典型案例，通过问卷调查方式对游客的满意度进行调查，探讨北京市休闲农业的发展前景及如何更好地利用现有资源和完善相关对策使之更好地发展。

二、文献综述

(一) 国外研究现状

国外学者对休闲农业的研究较早,研究范围也较广,涉及经济学、社会等诸多领域,学者也从不同的研究角度结合休闲农业的某一特性提出观点。McGehee(2004)[①]等认为,休闲农业发展的外在驱动力是为获取经济效益,其内在驱动力是社会效益和文化价值。

随着休闲农业的发展和扩大,Hegarty(2005)等[②]研究发现,乡村旅游的发展潜力在于休闲农业的多样性,而休闲农业的多样性取决于不同区域所拥有的农业资源和客源市场条件。Walmsley(2003)[③]则认为,休闲农业不仅促进了农村地区旅游产业的发展,而且也为城市居民提供了休闲、放松和娱乐的途径。

(二) 国内研究现状

我国休闲农业起步晚但发展快,在北京、上海、广州等大城市周围地

---

① MCGEHEE NG, KIM K. Motivation for agri-tourism entrepre-neurship [J]. J Travel Res, 2004, 43 (2): 161-170.

② HEGARTY C, PRZEZBORSKA L. Rural and agri-tourism as atool for reorganising rural areas in old and new member states—acomparison study of Ireland and Poland [J]. Int J Tour Res, 2005, 7 (2): 63-77.

③ WALMSLEY D J. Rural tourism: case of lifestyle-led opportunities [J]. Au Geographer, 2003, 34 (1): 61-72.

区已成为休闲农业发展的重镇。由此,国内学者也开始对这一新型农业产业形态进行研究,并提出了各具有代表性的意见。戴美琪等(2006)[①] 认为,休闲农业旅游是以自然环境、农业景观、农事活动、农村生活、农耕文化、民俗风情等农业自然和人文旅游资源为基础,以发展农业生产、保护生态环境和提高农民生活质量为前提,以市民休闲、度假、体验和求知为目的的一种新兴旅游方式。毛帅(2008)[②] 认为,休闲农业是运用农村自然生态和人文环境,经过设计和规划管理,为游人提供的充满农业特色的休闲活动。张占耕(2006)[③] 认为,休闲农业是在无压力的条件下,用身体、用理念、用心灵和用情感体验人与自然和谐相处的一种活动方式,其本质是人类用宽松的心态,通过农业领略人类与自然和谐相处的一种休闲方式。

关于游客对休闲农业的满意与否,很多学者对游客满意度进行了有效测量,并总结了其影响因素。例如,杨丽华(2009)[④] 从购物、娱乐、交通、食宿、服务态度5个基本维度分析了消费者对长沙市休闲农业的满意度,结果表明满意度得分最高的是服务态度与旅游购物,得分最低的是旅游卫生条件与服务费用,娱乐性方面的满意度水平一般。田彩云与王明月(2010)[⑤] 基于期望/差异理论,运用北京市密云区几家典型的农业观光园游客的调查数

---

① 戴美琪,游碧竹. 国内休闲农业旅游发展研究[J]. 湘潭大学学报(哲学社会科学版),2006,30(4):144-148.
② 毛帅. 休闲农业与观光农业、都市农业的联系与区别[J]. 特区经济,2008,24(10):133-135.
③ 张占耕. 休闲农业的对象、本质和特征[J]. 中国农村经济,2006,22(3):73-76.
④ 杨丽华. 休闲农业消费者满意度调查报告——湖南省长沙市的实证分析. 农村经济,2009(2):61-64.
⑤ 田彩云,王明月. 京郊观光休闲农业游客满意度的实证研究——以密云县观光休闲农业旅游为例. 生产力研究,2010(8):37-39.

据，研究得出：景区自然环境的维护、风土人情旅游产品的开发及基于民间手工艺的休验活动产品的提升降低了游客满意度，应该迅速解决。代雯淇与侯立白（2011）[①]调查结果表明，游客对丹东市休闲农业游的满意度较高，基本都能达到休闲、放松及娱乐的目的，游客对精神收获的满意度评分最高，其次是对休闲地的购物、参与娱乐性。赵仕红与常向阳（2014）[②]调查研究发现，游客对南京市休闲农业消费满意度评价整体并不高，并且满意度偏向于质量驱动型，游客出游前的预期、出游的实际感知及基于出游消费支出的感知价值是影响与决定游客满意度的主要因素。

（三）研究评述

综合来看，国外关于休闲农业的研究起步早、研究领域广泛、研究深入，国内对休闲农业的研究虽然起步比国外晚，但相关研究成果数量快速增长。目前，国内学者已经对休闲农业游客的动机、行为特征及满意度开展了较为丰富的探索研究及实证分析。但是也不难发现，其研究方法与研究者的视角都比较单一，缺乏对各种类型休闲农业地的实证研究。目前，一些研究在对游客满意度进行衡量时所采用的指标还比较模糊，因此需要学者开发科学合理的测量量表，运用更为成熟的满意度模型为游客的满意度评估提供依据。

---

① 代雯淇，侯立白. 浅谈休闲农业——基于丹东市休闲农业满意度调查. 中国农学通报，2011，27（8）：488-492.
② 赵仕红，常向阳. 休闲农业游客满意度实证分析——基于江苏省南京市的调查数据. 农业技术经济，2014（4）：110-119.

三、昌平区休闲农业发展现状

（一）昌平区休闲农业发展现状

近年来，昌平区依托本土农业发展资源优势，重点打造"一花三果"，其中"一花"是指以百合花为代表的花卉产业；"三果"是指以苹果为代表的精品林果业、以草莓为代表的设施农业和以柿子为代表的传统林果业，休闲农业得到了快速发展。农业观光园是发展较早的休闲农业项目，昌平区作为北京市休闲农业发展的主要区拥有较多的具有一定规模、有特色的农业观光园。随着苹果文化节、农业嘉年华以及世界草莓大会的举办，昌平区品牌农业资源得到进一步开发，休闲农业与乡村旅游发展进入新阶段。

农家乐是北京市昌平区旅游行业的特色，近年来发展迅速，已具有一定的规模、档次和特色。据统计，北京市昌平区目前有上百家农家乐，规模大小不一。农家乐在推动昌平区休闲农业发展的同时也存在着诸多问题，比如，多数农家乐都是由私人住宅改建而成，这些房屋在建造之初是自家居住的房屋，基本上都未按国家有关法律法规和消防技术规范设置消防设施，此外，乡村农家乐缺乏规范管理，从业人员安全意识淡薄、安全基础设施较差、安全相关证照手续不完善等问题，均导致农家乐企业存在不少安全隐患。基于此，2012年北京市昌平区安监局根据国务院《关于进一步加强企业安全生产工作的通知》和《企业安全生产标准化基本规范》等文件，依据《昌平区企业安全生产标准化建设实施方案》要求，结合昌平区的实际情况，制定了

"农家乐"企业安全生产标准化评定标准,用以规范农家乐管理,消除安全隐患。

(二)昌平区休闲农业发展优势

1. 区位优势

昌平区是首都西部发展带上的重要节点,境内有轨道交通昌平线,多条交通干线与市中心、周边区及其他省市相连,区位优势明显,地理位置优越。

2. 旅游资源丰富

昌平区历史悠久,拥有众多名胜古迹,从古代就有着重要的战略地位,因此也获得了不可多得的人文历史资源。昌平区全区共有78处文物保护单位,明十三陵、居庸关长城被列为"世界文化遗产名录",此外还有温泉胜地小汤山,"亚洲之最"的坦克博物馆、航空博物馆,农业观光示范园区,特色旅游文化活动有十三陵国际旅游文化节、温泉文化节、苹果文化节等。

3. 现代农业发展突出

位于昌平区东部地区的小汤山农业示范园,是北京市第一家国家级农业科技园区,规划总面积65平方公里。按照"科技示范、辐射带动、科技服务"的总体功能定位,园区积极引进、孵化国内外具有领先地位的农业企业,形成了农业生物种业、工厂化蔬菜、特色果品、农产品加工等多个特色产业,分别被国家科技部、北京市政府、国家外国专家局等部门批准为"国家级农业科技园区""北京市科普教育基地""引进国外智力成果推广示范基地""科学实验基地"等。近年来，昌平区的现代农业进入新高度，休闲农业发展呈现新的亮点。

（三）碓臼峪民俗村发展现状

碓臼峪民俗村紧靠自然风景区是市级民俗村，于 1998 年建成，旅游农户 48 家。村民淳朴好客，民风清和。有浅滩戏水场、篝火晚会场、垂钓场、停车场和民间文化娱乐活动场等配套服务设施。盛产樱桃、杏、桃、山里红、柿子、板栗等多种果品。随着季节变化，可以品尝到上百种山野菜和农家饭。游客还可以参与小河摸鱼、垂钓、烧烤小吃、烤全羊等活动，享受农家带来的欢乐。

四、研究模型与研究数据

游客满意度指的是游客将旅游之前的心理预期和旅游之后的体验感受的一种对比性心理评价，用于反映游客预期与体验感受的高低差距，实际体验高于事前预期则游客满意，但低于事前预期则游客不满意。游客满意度除了主要事前预期相关，影响因素还包括旅游环境、动机等。目前，国际上普遍使用的满意度模型主要有美国顾客满意度模型、欧洲顾客满意度模型和瑞典晴雨表模型。本文基于 2018 年农林经济管理全班同学进行的重新农经行动调查活动，在昌平区碓臼峪及昌平区其他地区发放问卷获得数据，采用 Eviews 分析软件进行 Probit 模型分析。

本文研究建立本乡村旅游的游客满意度与影响因素的关系模型如下：

Y（游客满意度）＝F（乡村特征因素，个人特征因素，旅游动机因素）＋随机干扰项。

Probit 数字表达模型为：

$$Y^* = \alpha + \beta x + \mu \quad (1)$$

$$Y = \begin{cases} 1, & \text{当 } Y^* > 0 \text{ 时，游客评价为满意} \\ 0, & \text{当 } Y^* < 0 \text{ 时，游客评级为不满意} \end{cases}$$

为方便研究，本文将问卷中的"非常满意""较为满意"归类到"满意"中，将"非常不满意""很不满意"归类到"不满意"中。式（1）中，μ为扰动项，服从标准正态分布，从而影响游客满意度的二元离散选择模型可表示为：

$$\begin{aligned}
\text{prob}(Y = 1 \mid X = x) &= \text{prob}(Y^* > 0 \mid x) \\
&= \text{prob}\{[\mu > (\alpha + \beta x)] \mid x\} \\
&= 1 - \Phi[-(\alpha + \beta x)] \\
&= \Phi(\alpha + \beta x)
\end{aligned} \quad (2)$$

式（2）中，Φ为标准正态累计分布函数；Y^*是不可观测的潜在变量，Y 则是实际观测到的因变量，表示城市旅游游客是否满意；0 为"不满意"，1 为"满意"；X 为影响因素向量，x 为实际观测到的影响因素，主要有乡村环境、服务等变量，个人特征变量中的年龄、学历、收入变量以及旅游动机变量中的游客是否主动到访变量。因此，北京乡村旅游旅游的游客满意度影响因素 Probit 模型可建立为：

$$\begin{aligned}
\text{prob}(Y = 1 \mid X_i) &= \Phi(\alpha_0 + 1nX_1 + \beta_2 nX_2 + \beta_3 nX_3 + \varepsilon_n) \\
&= \Phi(\alpha_0 + \beta_{11} x_{11} + \beta_{12} x_{12} + \cdots + \beta_{1n} x_{1n}
\end{aligned}$$

$$+ \beta_{21}x_{21} + \cdots + \beta_{2n}x_{2n} + \cdots + \beta_{31}x_{31}$$
$$+ \beta_{32}x_{32} + \cdots + \beta_{3n}x_{3n} + \varepsilon_n)\tag{3}$$

式（3）中，prob（Y = 1 Xi）是游客对城市评价"满意"的概率。i 为自变量向量，这里主要指乡村特征变量、个人特征变量、旅游动机变量。x_{1n} 表示第 1 个自变量向量下的第 n 个自变量，α_0 为常数项，β_{1n} 为第 1 个自变量向量下第 n 自变量的 Probit 回归系数，ε_n 为扰动项，即其他未包含的自变量的影响。

本文采用 Probit 模型对满意度进行量化分析，提出提高北京市昌平区休闲农业乡村旅游发展的建议对策。本次调查采用发放问卷的方式，共计发放问卷 100 份，回收有效问卷 77 份。

根据收回来的问卷可以发现，从性别上看，被调查对象的中男性占 45.6%，女性占 55.4%，男女分布相对均衡；从年龄看，19～35 岁所占比例最高；从游客月收入上看，被调查者月收入在 4001～6000 元的比例最多（见表 1、表 2）。

表 1　　　　　　　　调查样本的基本特征表

基本特征	描述	样本量	百分比（%）
年龄	18 岁以下	7	9.10
	19～24 岁	30	39.00
	25～35 岁	27	25.00
	36～55 岁	16	20.78
	55 岁以上	3	3.89
教育程度	小学及以下	10	13.00
	中学	24	31.17
	大学	36	46.75
	大学以上	17	1.93

续表

基本特征	描述	样本量	百分比（%）
月收入	2000元以下	21	27.27
	2001~3000元	16	20.78
	3001~4000元	17	22.00
	4001~6000元	23	29.87

表2　　　　　　　　　　　　　模型变量与解释表

变量	代码	变量解释	先验判断
乡村特征	X1	景观丰富（"非常丰富"为5、"比较丰富"为4、"丰富"为3、"一般丰富"为2、"不丰富"为1）	正向
	X2	菜肴口味（"非常可口"为5、"较为可口"为4、"可口"为3、"一般可口"为2、"不可口"为1）	正向
	X3	体验活动丰富（"非常丰富"为5、"比较丰富"为4、"丰富"为3、"一般丰富"为2、"不丰富"为1）	正向
	X4	服务态度（"非常好"为5、"较好"为4、"好"为3、"一般"为2、"差"为1）	正向
	X5	住宿（"非常好"为5、"较好"为4、"好"为3、"一般"为2、"差"为1）	正向
	X6	基础设施（"非常好"为5、"较好"为4、"好"为3、"一般"为2、"差"为1）	正向
个人特征	X7	年龄（"56岁及以上"为5，"36~55岁"为4，"25~35岁"为3，"19~24岁"为2，"19岁以下"为1）	正向
	X8	月收入（"5000元以上"为5，"3001~5000元"为4，"2001~3000元"为3，"1001~2000元"为2，"1000元以下"为1）	正向
	X9	教育程度（"大学以上"为4、"大学"为3，"高中"为2，"初中及以下"为1）	正向
	X9	动机（"主动"为1，"被动"为0）	正向
总体满意度	X10	满意程度（"非常满意"为5、"比较满意"为4、"一般"为3、"不满意"为2、"非常不满意"为1）	正向

五、模型估计结果

本文应用 Eviews8.0 软件进行模型的分析,采用最大似然估计法对模型进行估计,在分析之前,为了避免异方差带来的偏误,运用怀特检验非方程矫正异方差。模型 1 为第一次估计结果,模型 2 为剔除与被解释变量之间相关性很小的解释变量后再次估计的结果。从模型的估计结果来看,模型 1、模型 2 都通过似然比显著性检验。同时,通过删掉模型 1 中的不显著变量,使模型 2 的值达到 0.301,说明模型精度提高。总体来说,该模型和检验结果具有统计学意义(见表 3)。

表 3　　　　　　　　　　模型估计结果

变量	模型 1 参数估计	Z 统计量	模型 2 参数估计	Z 统计量
X1	0.027470	0.236585	—	—
X2	0.222951	2.069835	0.205284	2.023060
X3	-0.003127	-0.029680	—	—
X4	0.279627	2.41676	0.232269	2.179840
X5	0.330644	3.031359	0.377046	3.650123
X6	0.204899	1.786375	0.208755	1.87608
X7	-0.111536	-0.903622	—	—
X8	0.449455	2.193543	0.564736	2.882131
X9	0.017194	0.22327670	—	—
X10	0.13695	4.102204	0.950122	1.454345
C	0.914567	2.327645	-4.08903	4.56798
R^2	0.291908	0.3006666		
最大似然值	0.30066	-117.3106		
P	0.000000000	0.0000000		

从表 3 结果可以看出,在模型 2 中,呈现线束正向影响的变量为的估计结果来看,景观丰富度、服务水平、基础设施、菜肴口味、收入、动机 6 个因素是显著影响因素,而其他因素与游客满意度之间的影响关系不显著。因此,本次调查结果的保留影响显著的变量将景观丰富度、服务水平、基础设施、菜肴口味、收入、动机依次假设为 H1-2、H1-4、H1-5、H1-6、H2-2 和 H3 成立,而剩余变量假设为 H1-1、H1-3、H2-1、H2-3。具体分析如下。

(一)景观丰富度对游客满意度有正向影响

计算结果显示,其影响系数为 0.205284。北京市昌平区乡村旅游景观丰富度是指在乡村旅游的开发和运营中,为游客展现的观赏景点、自然风光和乡土人文景观。休闲农业景观格局包括自然景观和人文景观,在游客满意度中占据显著影响位置。随着城市景观的日益发展,乡村景观越来越受到城市居民的向往和追捧,乡村景观可分为乡村景观的建筑环境景观、农村农业景观、非物质文化景观等,对游客提高旅游兴趣,吸引游客游览、放松游客心情起到重要的作用。

(二)服务水平对游客满意度有正向影响

计算结果显示,其影响系数为 0.232269。旅游者在休闲农业服务中的各种体验水平是主影响满意度的重要指标,服务质量的好坏直接影响到游客满意度水平。但是在调查中发现,部分农家乐等旅游地点存在工作人员服务意识差的现象，北京市昌平区休闲农业经营从业人员以当地农民为主题，由于受教育程度低，经营管理不足、规范规则落实不到位，服务质量程度不高，严重影响了北京市昌平区休闲农业旅游的健康发展。

（三）基础设施对游客满意度有正向影响

计算结果显示，其影响系数为0.377046。休闲农业设施与基础设施和游客满意度息息相关，基础设施包括交通、供水、卫生、通信等，由于离开城市来到农村，各个方面的问题会影响到游客休闲娱乐的满意程度，落后的基础设施会到来旅游的不便，导致游客重游率降低、满意度下降。

（四）菜肴质量对游客满意度有正向影响

计算结果显示，其影响系数为0.20875。在北京休闲农业的多维层面中，"吃"占据着重要的地位，显著影响满意度。乡村美食的生态绿色、俭朴天然，对城市居民有着巨大的吸引力。相关研究发现，乡村旅游中美食带动了住宿、体验等项目，边际贡献率大于1。北京拥有特色小吃的乡村也由此成为旅游的胜地。

（五）游客月收入对游客满意度有正向影响

计算结果显示，其影响系数为0.564736。在收入消费模型中，收入对消费的影响很大，在北京乡村旅游满意度中收入占很大比重，由于高收入人群会选择高档次的旅游地点和产品，高档次的旅游产品和服务带来了较高水平的满意度。

（六）游客是否主动到访对游客满意度有正影响

计算结果显示，其影响系数为 0.950122，占据最大的影响比重。游客前期的心理倾向是旅游满意度的评级指标之一，游客越是主动选择北京乡村旅游，心理满意程度越高，因为潜意识中接受力和感知力越高，满意度也就越高。从 Eviews 的分析结果看，这一因素极大影响了游客的满意度。

六、研究结论和建议

通过 Eviews 软件对数据的处理和 Probit 模型的分析，可以看出，景观丰富度、服务水平、基础设施、菜肴、收入、动机 6 个因素是影响北京市昌平区旅游游客满意度的显著性因素，体验活动、住宿、年龄等其他因素与游客满意度之间的影响关系不显著。本文的研究结论有利于北京市发展乡村旅游明确方向，提出了下面的政策启示。

（1）从旅游环境改善来说，北京昌平碓臼峪乡村旅游满意度的提高应该从完善本村自然和人文环境的开发入手，充分利用自然景观和人文特色的乡村景观，丰富乡村景点，提升人文内涵，为游客提供一个景观生态、环境优美的绿色环境，满足游客的期望。

（2）从吃、用、行的角度来说，碓臼峪首先要发掘当地特色美食，建立独特的美食文化，通过美食的吸引力带动其他旅游项目的消费；其次，要发挥政府的作用，完善乡村的基础设施建设，包括交通、卫生、医疗、通信等，为发展休闲农业提供基本的保障基础；最后，要加快产业融合，完善旅游功能，循序渐进，稳步发展，形成以接待服务、农事参与、休闲度假等乡村旅游为主体的产品体系。

（3）需要加强营销力度。收入和主动出游意愿是提升游客满意度的主要因素，特别是提高游客主动出游意愿方面，因此营销就成为一种潜在的有力方式。政府部门可以加强乡村建设，"走出去"推广宣传本村特色。乡村旅游企业等主体应充分利用综合营销途径，促使游客对它们主动关注和了解。

参考文献

[1] 杨美景. 供给视角下的休闲农业发展问题. 中国经济问题, 2007 (4): 54-59.

[2] 王圣军, 刘继平. 城郊休闲农业发展存在的问题与对策建议. 农村经济, 2007 (12): 110-113.

[3] 陈磊, 刘志青, 赵邦宏. 中国休闲农业发展研究. 湖北农业科学, 2012, 51 (12): 2644-2647, 2656.

[4] 邓玉敏. 休闲农业及乡村旅游业发展的有效途径 [J]. 吉林农业, 2018 (17): 33.

[5] 李汶桐. 我国城郊休闲农业旅游发展研究 [J]. 决策咨询, 2017 (6): 40-43.

[6] 张颖. 北京市休闲农业布局评价及优化研究 [D]. 中国农业科学院, 2016.

[7] 刘欣欣, 赵文华, 牛丽明. 北京市昌平区休闲农业发展现状与对策研究 [J]. 绿化与生活, 2016 (8): 16-20.

[8] 任开荣, 董继刚. 休闲农业研究述评 [J]. 中国农业资源与区划, 2016, 37 (3): 195-203.

[9] 蔡彩云, 骆培聪, 唐承财, 等. 基于IPA法的民居类世界遗产地游客满意度评价 [J]. 资源科学, 2011, 33 (7) 1374-1381.

[10] 徐秀美, 李洁. 历史文化街区顾客餐饮满意度分析——以昆明文明街为例 [J]. 旅游论坛, 2011, 4 (2): 28-31.

[11] 董观志, 杨凤影. 旅游景区游客满意度测评体系研究 [J]. 旅游学刊, 2005, 20 (1): 27-30.

[12] 张宏梅, 陆林. 基于游客涉入的入境旅游者分类研究——以桂林、阳朔入境旅游者为例 [J]. 旅游学刊, 2011, 26 (1): 38-44.

[13] 李恒云, 龙江智, 程双双. 基于博物馆情境下的旅游涉入对游客游后行为意向的影响——旅游体验质量的中介作用研究 [J]. 北京第二外国语学院学报, 2012 (3): 54-63.

[14] 郑春晖, 邹统钎. 基于 SEM 的文化遗产地游客满意度影响因子分析 [J]. 山东艺术学院学报, 2013 (1): 12-16.

[15] 汪侠, 顾朝林, 梅虎. 旅游景区顾客的满意度指数模型 [J]. 地理学报, 2005, 60 (5): 807-816.

[16] 俞万源, 邱国锋, 曾志军, 等. 基于文化生态的客家文化旅游开发研究 [J]. 经济地理, 2012, 32 (7): 172-176.

[17] 王群, 丁祖荣, 章锦河, 等. 旅游环境游客满意度的指数测评模型——以黄山风景区为例 [J]. 地理研究, 2006, 25 (1): 171-181.

北京市昌平区康陵村暑期社会实践调查

赵雪阳　王娜　夏岚　罗玲　郭瑞玮　杨培珍　于琦　孟蕊　张龙

一、研究背景

民俗旅游是指人们离开常住地到异地体验当地民俗的文化旅游行程。地方特色和民俗特色是旅游资源开发的灵魂，具有独特性与不可替代性。因而，从某种意思上讲，民俗旅游属于高层次的旅游。北京拥有悠久的历史和多元的文化，并且是国内最发达的城市之一，民俗旅游资源丰富，市场需求巨大，开发基础雄厚。如今，民俗旅游已经成为北京郊区假日经济的新亮点。昔日靠山吃饭的农户由传统种植业转入民俗旅游服务的新领域。北京民俗旅游发展势头迅猛，但在民俗旅游发展过程中也出现了很多问题，这些问题阻碍着北京民俗旅游长远的发展。

北京郊区县旅游资源十分丰富，作为景区开发的旅游资源可归纳为：溶洞、峡谷、湖泊（水库）、长城文化及各类遗址遗迹，京津地区具有一定知名度且与佛教、道教相关的名山、庙会。如门头沟区有三山两寺、明清古民居、妙峰会庙会；怀柔的红螺寺及其庙会、雁栖湖。目前，各郊区县都比较重视对本区域的旅游资源尤其是民俗旅游资源进行收集、整理和加工，出版了一些介绍当地民俗民风的光盘和书籍。各区域在政府的倡导下，正大张旗鼓地大力宣传发展民俗旅游，鼓励发展民俗接待专业户、民俗接待专业村，目前全郊区民俗接待户已达1万余户。

我们的本次暑期调查力求在调查民俗旅游发展的基础上为北京郊区民俗文化旅游保护、开发和利用提出具体的实践措施。

二、研究意义和目标

（一）研究意义

1. 有利于促进政府经济的发展

民俗旅游是一种高层次的文化旅游，由于满足了游客"求新、求异、求乐、求知"的心理需求，已经成为旅游行为和旅游开发的重要内容之一。国内的抽样调查表明，来华美国游客中欣赏名胜古迹的占26%，而对中国人的生活方式、风土人情感兴趣的却高达56.7%。由此看来，民俗风情旅游不仅仅是政府部门发展经济、吸引外资的重要文化资源，而且已经成为一种满足西方人想象、"了解"中国人生活方式的途径。

2. 激发后工业文明时代居民的精神追求

如今，辉煌工业文明的后工业社会使人们失去与自然的和谐相依。久居城市的人们渴望在闲暇之余走进自然淳朴的乡村，远离喧嚣，感受淳朴、独特的民俗风情。从近年北京市房山区居民的出游天数来看，"一日游"和"二日游"

的游客比重有所上升。旅游抽样调查表明：99%以上的北京市民希望到京郊旅游。到郊区休闲、度假、观光成为城市居民的首选，民俗旅游已成为城镇居民业余生活的重要组成部分。民俗旅游在传统旅游方式的基础上给旅游平添了人情味，使旅游不仅是观光，更是放松心情、情感交流和精神升华的过程。

3. 民俗旅游是新农业时代农民的致富手段

随着京郊农村产业结构调整和郊区旅游业的不断发展，具有区域风情特色的民俗旅游活动在京郊区县迅速发展。民俗旅游不仅带动了京郊旅游业的发展，而且对加快农村产业结构的调整，增加农民收入，富裕农民生活起到了促进作用。

4. 积极配合国家优惠政策

乡土民俗文化是我国传统文化之瑰宝，也是休闲农业持续发展的灵魂。如今，国家在涉农民俗旅游方面给予大力的政策扶持，例如，实施民俗旅游的基础设施建设工程，改善旅游的可进入性和便捷性；实施支撑体系建设以及从业人员培训工程等，在一定程度上满足涉农民俗旅游地发展要求。

（二）研究目标

1. 研究民俗旅游现状，总结经验为其他地区民俗旅游开发保护提供支持和经验。
2. 为民俗旅游发展提供开发思路。
3. 继承发扬社会主义优秀传统文化。

三、以康陵村为例研究民俗旅游的保护与开发

（一）康陵村概况

康陵村总面积170公顷，其中耕地面积324亩，山场面积1525亩。山上植被茂密，野生资源繁多，有山杏、山梨、山桃和酸枣等野生树种。村民主要以林果业为主，主要生产柿子、梨、苹果、桃、杏、枣等干鲜果品，年产在60万千克以上，其中柿子年产达40万千克。该村四面环山，村南是原始松林，村西是明十三陵之一的康陵宫，村北是农家菜地，村子周围果树成片，绿树成荫。全村村民居住在古老的康陵监墙内，村中央有一株树龄约千年的古银杏树，村大门口生长着两棵800岁龄的对称古槐树，皆为国家一级保护树木，为康陵更增添了几分灵气和活力。康陵村是旅游休闲，观光采摘的理想场所。村内总户数76户，其中民俗接待户45户，一次性可接待游客2500人次。"康陵正德春饼宴"这一民俗旅游品牌以"吃、住、行"完善的配套设施成为该村的特色名片。

（二）基础设施建设

随着经济水平的提高，康陵村村民人均收入突破7000元，生活的幸福指数不断提高。在生活设施方面，康陵村村内经过街道村美改造、危房改建，打造了整洁有序的村落环境，建好了村文化广场以及停车场，并且在文化广

场设置知识性宣传牌，安放体育健身器材，完成了各户的调炕及改厕工程，建造了一座标准公厕，完成了全村的上下水改造工程，建成了一座高科技的太阳能污水处理站，安装了全新的高性能太阳能路灯，全村生活清洁、整洁、光明、健康。在生活条件方面，三分之一村民拥有汽车，三分之二家庭拥有电脑，全村家庭彩电、冰箱、手机等日常家电通信用品。康陵村拥有美丽的周边环境，村西的古松林有电影《江姐》的拍摄基地、皇陵倚靠的莲花山以及柿树满山的大西坡等自然环境不仅是村民们世代生活的骄傲，也是吸引游客的亮点。康陵村始终重视对这些自然环境的保护，并且努力使其最本真、最自然的一面呈现在游客面前。

（三）康陵"四美"

1. 生活美

如上文所述，康陵村拥有很好的基础设施，村民享受着"生活美"。生活美不仅体现在"硬件"方面，也体现在"较件"方面。日常生活中村民保持着健康的生活方式，在农家院的日常经营中保持着乐观、好客的精神。与此相应的是，在与城市顾客的接触中村民们逐渐意识到不断改善自己、跟上信息时代步伐的重要性，并且在日常生活中不断实践。

2. 生产美

该村以民俗旅游和林果业为主导产业，民俗旅游年产规模已达120万元，果品年产量为50万千克。能提供各种应时的野菜以及农家饭菜，其中尤以薄如蝉翼、白如翠玉的春饼和鲜嫩味美的自制豆芽配以可口的松肉、圆润的肘子、香酥纯美的柴鸡蛋以及其他十几种特色菜品组成的春饼宴为特色。其中"康陵正德春饼宴"民俗旅游品牌的吃、住、行配套设施趋于完善,这些和正德皇帝的传奇故事的口口相传、生动演绎一同作用,使游客体会到旅游休闲、文化品鉴的多方位满足。附近还能提供包括酸梨、柿子、李子等多种优质果品在内的优质旅游观光采摘。在生产方面,农户以承包经营地种植玉米、辣椒、柿子、酸梨等粮食、果蔬为主,兼具观光采摘便利。

3. 环境美

康陵村始终重视对自然环境的保护,同时对村民生活环境的改进和整体环境整治始终是工作重点。村里设立了合理的环境整治制度,村内卫生包片包干到人,村内无卫生死角,村民环保意识普遍提高;通过合适的草木栽培,村内街道有月季、黄杨簇拥,村外公路有国槐挺立。目前全村林木覆盖率为95%,绿化率已达90%。2008年康陵村获得了北京市"最美丽乡村"的提名。目前,康陵村正通过多方论证,争取给这一片美丽的环境增添一些水的灵动,打造一个"山转水也转"的四季如画的康陵。

4. 人文美

康陵村有悠久的历史文化传统,作为世代守陵人的康陵村村民,其历史就是一段深刻的故事。在社会主义新文化的氛围中,康陵村两委班子工作团结、积极向上,管理民主;村民民风淳朴,尊老爱幼,遵纪守法,诚实守信;社会安定团结,和谐上进;文化活动丰富多彩,无封建迷信、赌博及不赡养老人等不文明现象。尤其是在"康陵正德春饼宴"的日常经营中,经过统一礼仪培训的经营户对待游客总是笑脸相迎、热情款待，不仅能给他们送上最美味的菜肴，而且能给他们带来丰富的明朝故事、多样的春饼食法，更重要的是能让游客在轻松、友好、优美的环境中享受美食，留下对康陵村最美好的记忆。

四、康陵村调查问卷分析

在调查过程中，我们随机对98名游客进行了访谈和问卷调查，收到有效问卷90份。具体分析内容如下所述。

（一）大部分旅客评价为满意及一般

根据数据显示，在90位的旅客中，对康陵村非常满意的占12%，满意占43%，评价一般的占33%，不满意以及非常不满意的占12%。其中，满意及一般总数占76%，可见康陵村整体给人留下的印象是不错的。但是康陵村仍存在着一些不足，导致大部分游客评价没给出"非常满意"。（见图1）

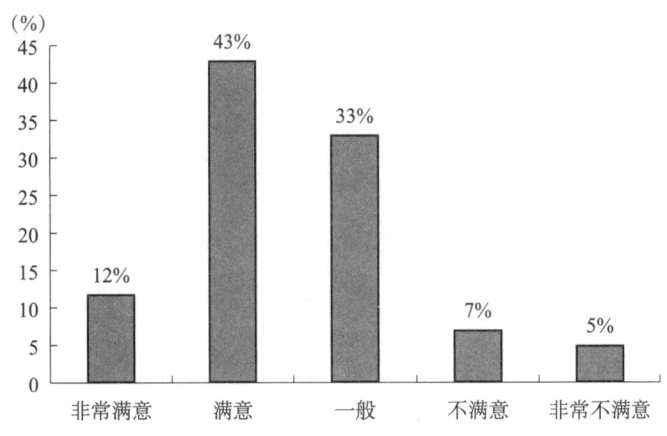

图1 旅客整体满意度

（二）超过80%游客停留时间为1天以内

据调查，有38%游客停留时间为半天，44%游客停留一天，剩下的少部分不足20%的游客会停留超过一天（见图2）。这主要是因为去康陵村的都是北京市区自驾游，在春饼宴之后，大部分游客选择自驾回家。

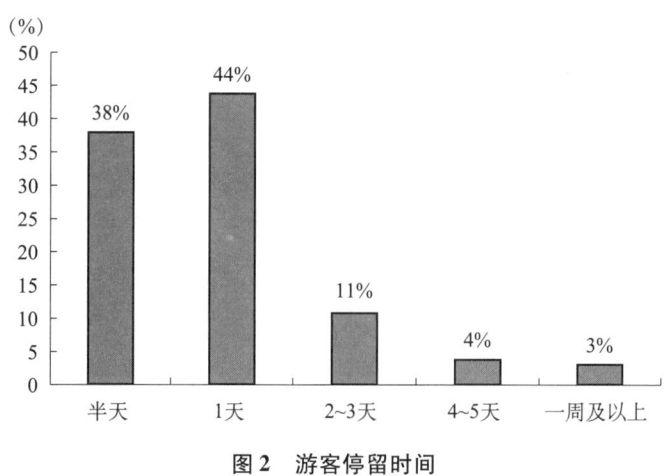

图2　游客停留时间

（三）多数人认为需要多做宣传

根据数据调查得出，有近80%的游客认为景点需要多做宣传——由于康陵村比较偏远，很多人都不知道这个旅游景点。60%游客认为住宿问题可以改进。43%的游客觉得交通可以改善，路窄会造成堵车，同时建议增加公交车（见图3）。

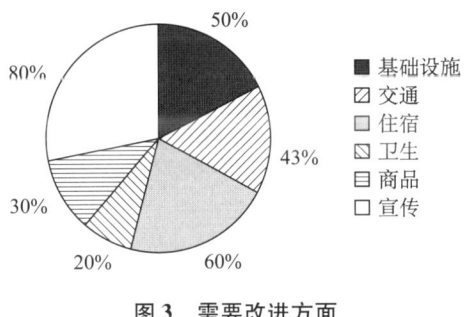

图 3 需要改进方面

五、北京民俗旅游发展的对策

(一) 长远规划，科学策划，增强民俗旅游的文化内涵

在京郊民俗旅游开发中，政府部门应通过系统规划，有机整合京郊各区县民俗旅游资源，认真、科学地策划好旅游开发项目。同时，在民俗旅游产品项目的开发和设计中，要以北京各区县有特色的乡土文化为核心，融入民族风情和乡村民俗，真正使北京京郊民俗旅游产品具有较高的文化品位和艺术格调。

(二) 完善民俗旅游基础设施与公共服务体系

旅游地区应依托北京高速公路和国、市干道、县乡村道等公路网络，增加和完善市区游客集散中心与各区县民俗旅游景区的公共交通线路场站设施。依托先进的网络通信技术向游客提供高效的旅游租车服务，使旅游通道达到较高的通行速度，实现"快行"与"慢游"的结合。设置旅游信息咨询中心，完善旅游问询系统以及与国际旅游城市标准接轨的规范的、易识别的、多语种旅游标识系统。调控旅游住宿设施的增速与标准，引导京郊现有住宿设施向民俗化和特色化方向提升。

（三）提高旅游服务质量，加强民俗旅游软环境建设

为提高京郊民俗旅游服务质量，优化旅游接待及旅游服务水平，旅游企业应通过与旅游院校和职业培训中心等旅游教育培训网络进行合作，强化从业人员服务意识，加强对游客的人性化关怀，提高旅游接待服务人员的服务质量。京郊各区县可开展各项优质服务活动，进一步提升民俗旅游服务水平，并改善民俗村的卫生环境，提高公共厕所的分布密度和建设标准。同时，在民俗接待户以及村民中广泛开展文明礼貌教育，营造京郊民俗村热情的、好客的、快乐的旅游环境氛围。

（四）加强统一管理，制订相应标准

目前，京郊民俗旅游发展正旺，但不规范。针对民俗旅游的进一步发展需制定统一的标准和管理办法。首先，要对旅游专业户实行定点管理、资格审定，颁发统一的接待资格标识牌，完善接待户的接待标准；其次，规范市场，防止无序竞争现象的发生；最后，对各区县的民俗旅游从业人员的培训要建立完善的考评机制，提高从业人员的综合素养。

（五）政府主导，联合经营，共创品牌

民俗旅游与传统旅游市场相比，无论是在消费、服务、价格、产品设计等方面都存在一定差别，市场尚需逐步培育。但是开发民俗旅游市场，无论是对农村，还是对北京旅游业自身长远发展都有着积极作用。北京民俗旅游的发展要坚持政府主导，使开发科学化、建设规范化、管理标准化。民俗旅游要在政府的引导下实现联合经营，以群体的力量形成规模效应，创立品牌，增加市场竞争力，走规模化和产业化的道路，实现民俗旅游可持续发展。规划既要满足市民在农家游、住、食、购、娱的愿望，又要紧紧围绕城市与乡村的环境差异，搞好组合包装，突出各地特色。北京市京郊民俗旅游应大力打造世界遗产游、四合院游、举人村游等弘扬民族文化、展现古都风采的精品民俗品牌。

北京市密云古北水镇民宿区乡村旅游研究

王赢　刘璇　王婧惟　王家骥　钟少波　郭王骁潇　白宏伟
安嘉文　王琪

一、引言

(一) 研究背景

近年来,旅游产业发展势头良好,乡村旅游作为较为新型的旅游方式,具有良好的发展前景。我国旅游产业一直处于上升阶段,国内旅游收入连年上升(见图1);国内人均旅游花费也连年上升,人们在旅游上的花费越来越多(见图2)。这意味着旅游产业发展势头良好,乡村旅游作为较为新型的旅游方式势必也能得到较为良好的发展机会。

北京市乡村旅游产业发展在全国范围而言具有模范作用。2015年,北京市有25个村被评为中国乡村旅游模范村,18户被评为中国乡村旅游模范户,207家被评为中国乡村旅游金牌农家乐,187人被评为中国乡村旅游致富带头人。这些充分证明,北京市乡村旅游产业在全国范围类具有一定的模范作用。

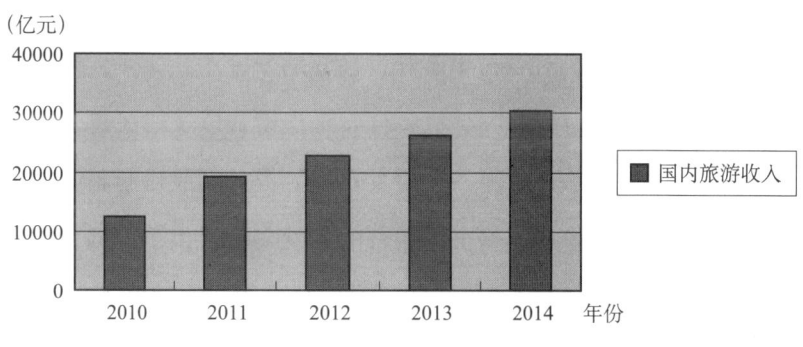

图1　2010—2014年国内旅游收入

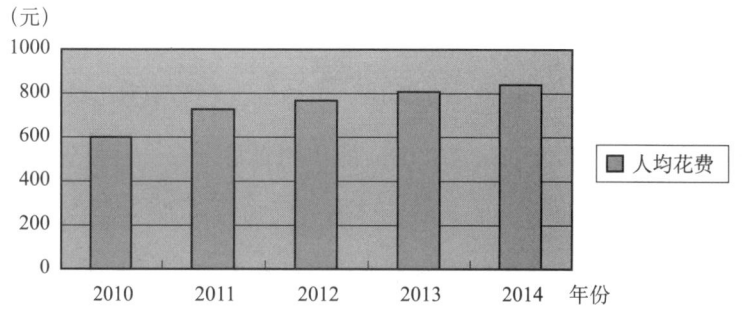

图2　2010—2014年国内旅游人均花费

数据来源：《中国统计年鉴2014》。

北京市乡村旅游产业的良好发展可以提升全国各地乡村旅游发展的信心，给其他地区的乡村旅游产业发展提高一定的经验，从而加快乡村旅游产业在我国的发展。

（二）文献综述

我国乡村旅游发展的初衷是解决农村居民收入较低的问题，与此同时尝试改变农村单一的经济发展模式。基于此，国内对于乡村旅游发展的研究侧重经济方面的影响居多。对乡村旅游开发模式的研究中，文军、魏美才提出以政府为主导模式、旅游投资方与村民合股合作模式以及村民自营模式三种乡村旅游开发模式，廖珍杰认为"公司＋农户"模式和股份制制度是诸多模式种的经典模式。这些模式的提出为后来的开发实践提供了依据。在乡村旅游于农村城镇化方面，吕君等认为，乡村旅游增强了农民的生态、景观意识，有利于农村城镇化的发展。在对于乡村旅游持续化发展方面，陶玉霞（2015）认为，乡土—人性结构的回归于重建是乡村旅游发展的核心需求，也是可持续发展走下去的必然要求。徐燕认为，乡村旅游社区参与模式的实施必须与当地的实际结构相结合。赵华、于静（2015）认为，随着文化创意产业对促进经济发展和增强国家软实力的作用日益增强，乡村旅游与文化创意产业融合成为旅游业的一种创新发展形式，为旅游业注入了活力与生机。古梅红（2012）认为，在乡村旅游产业发展过程中应当建立合适的利益分配机制，这有利于维护农村居民的权益，同时也有利于产业的长期发展。秦志红（2010）认为，乡村旅游是以具有当地特色的生态、生活环境以及其乡村文化去吸引游客进行旅游。为此，在乡村旅游发展的过程中，扎根于当地的乡村文化中就显得尤其重要。单福彬、周静（2015）认为，乡村旅游产业发展的过程中政府在其中起着举足轻重的地位，政府要引导乡村旅游产业的发展。这就要求政府在乡村旅游方面做决策时具有科学性、可行性，只有这样才能促进乡村旅游产业的良好发展。

总体来说，乡村旅游在我国的发展时间较短，也存在的许多问题。针对这些问题我国学者正在进行积极的研究，为未来乡村旅游更好发展提供更多、更丰富的理论依据和案例。

(三) 研究方法及创新之处

1. 研究方法

（1）实地调查法：通过实地发放问卷和实地访问，进行基础数据的收集。

（2）资料分析法：通过对乡村旅游产业发展方面的资料收集与整理，进行材料分析，更好地利用资料上的数据说明北京市乡村旅游产业发展现状及其趋势。

（3）描述统计分析方法：在对影响北京市乡村旅游发展的因素研究中，主要采取描述统计分析方法，通过因素分析找出急需解决的乡村旅游产业发展问题。

（4）文献法：通过对历史文献的查阅，重视农村自古以来对我国发展的重要性，也能够更好地了解乡村文化在我们文化中所占的举足轻重的地位。

2. 研究创新之处

本文通过汲取国内外乡村旅游产业发展良好区域的经验教训，找出乡村旅游产业急需解决的问题，促进乡村旅游产业的良好发展，同时以具体的案例具体分析问题，解决问题。

二、密云区古北水镇民宿区乡村旅游产业发展分析

（一）乡村旅游产业发展概述

古北水镇是司马台长城脚下独具北方风情的度假式小镇。北京古北水镇旅游有限公司成立于 2010 年 7 月，由 IDG 战略资本、中青旅控股股份有限公司、乌镇旅游股份有限公司和北京能源投资（集团）有限公司共同投资建设。该公司旗下的北京·密云古北水镇（司马台长城）国际旅游度假区总占地面积 9 平方公里，总投资逾 45 亿元，是集观光游览、休闲度假、商务会展、创意文化等旅游业态为一体，服务与设施一流、参与性和体验性极高的综合性特色休闲国际旅游度假目的地。古北水镇（司马台长城）国际旅游度假区内拥有 43 万平方米精美的明清及民国风格的山地合院建筑，包含 2 个五星标准酒店、4 个精品酒店、5 个主题酒店，20 余家民宿、餐厅及商铺，10 多个文化展示体验区及完善的配套服务设施。

（二）乡村旅游产业发展的必要性

古北水镇位于北京市密云区古北口镇，背靠中国最美、最险的司马台长城，坐拥鸳鸯湖水库，是京郊罕见的山水城结合的旅游度假景区。古北水镇夜景堪称一绝，目前已成为北京夜游新地标。与河北交界，交通便捷，距首

都国际机场和北京市均在一个半小时左右车程,距离密云区和承德市约有45分钟车程。景区内建有精美的民国风格的山地四合院建筑43万平方米,总占地面积9平方公里,集观光游览、休闲度假、商务会展、创意文化等旅游业态为一体,是长城脚下独具北方风情的度假式小镇。这意味着其并不适合开展工业生产,较为适合农业方面的生产。同时,截至2015年底,古北水镇总人口10175人,4172户,其中农业人口8884人,农村劳动力5734人。农业人口占村中总人口的比重约为87%(见图3),农村劳动力占村中总人口的比重约为56%(见图4)。

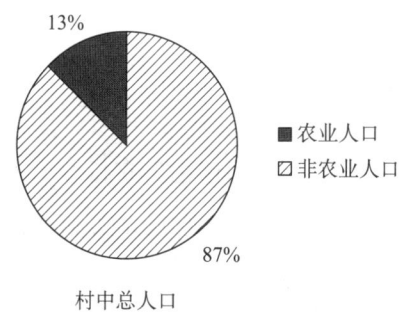

图3 2015年古北水镇农业人口与非农业人口占村中总人口比重

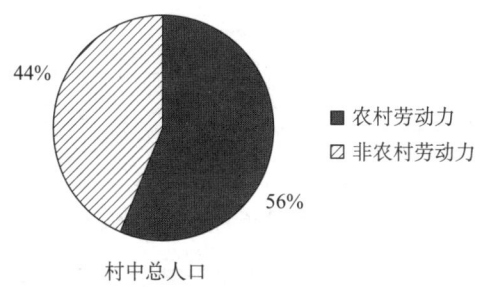

图4 2015年古北水镇农村劳动力与非农村劳动力占村中总人口比重

数据来源:北京市密云区人民政府网。

超过一半的人数直接从事农业行业，还有一部分人从事着与农业相关的行业，这意味第一产业比重较高，农业也当地人们的生活息息相关。被限制的地形环境决定了其经济发展水平较低，而乡村旅游产业的发展能够促进其经济发展水平的提高，同时提高当地农村劳动力的收益，使当地农民的物质生活得到一定程度的改善。

（三）乡村旅游产业发展的可行性

1. 农村劳动力比较充裕

古北水镇农村劳动力占村中总人口的比重约为56%，充足的农村劳动力对于促进乡村旅游的发展有着积极的作用。农村劳动力有着乡间耕作和生活经验，这能够使旅游者体验到更为原汁原味的乡村旅游，体验到当地人的生活文化习惯，更进一步地贴切乡村旅游的主题。在一些地方，乡村旅游存在经营者并非农村人口的"飞地化"现象，这在一定程度上使乡村旅游失去了其原来的味道，反而成为一种盈利工具，这会造成农村当地人在乡村旅游发展过程中得不到多大的收益。

2. 旅游发展前景良好

我国2014年居民人均出游次数2.64次，而发达国家居民年人均出游次数约为8次，存在着巨大的差距。随着我国经济水平的快速发展，这种差距必然会缩小，这就意味着，我国的旅游市场仍存在着巨大的潜力可供挖掘。而乡村旅游在我国作为较为新型的旅游形式，更具有良好的发展前景，有着巨大的旅游市场等待着开发。古北水镇具有开发乡村旅游的潜力,因此,大力开发乡村旅游对于当地而言,势在必行。

三、消费者对乡村旅游产业的认知情况

(一)调查情况介绍

本文调查时间为2015年9—10月。调查的方式主要是通过发放问卷,调查的内容为消费者对于乡村旅游产业的认知情况。调查问题包括:您的乡村旅游的预期消费是什么、您了解乡村旅游吗、您是通过何种途径了解到乡村旅游的、影响您进行乡村旅游的因素有哪些、您经常进行乡村旅游吗、您认为乡村旅游发展前景如何。共发放调查问卷50份,其中有效问卷40份。问卷中的问题主要以选择题为主,也有较少的填空题,这样有利于数据的整理分析。

(二)消费预期

统计调查问卷数据发现,仅有5%的人对乡村旅游的预期消费为100元以下,30%的人对乡村旅游的预期消费为100~200元,55%的人对于乡村旅游的预期消费为200~300元,10%的人对于乡村旅游的预期消费为300元以上。

绝大部分被调查者对乡村旅游的预期消费为100~300元(见图5),这

说明乡村旅游的价格还是相对较为低的，消费者在乡村旅游上的花费不会太多，这在一定程度上需要乡村旅游产业在发展过程中找准自己的价格市场定位，满足消费者的心理预期。同时，乡村旅游产业的附加值也要进一步提高，能够让消费者更愿意在乡村旅游中进行消费。

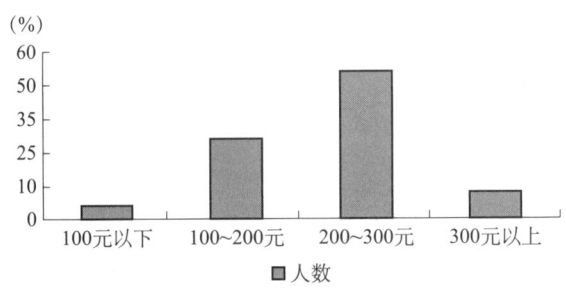

图5　消费者对乡村旅游的预期消费

（三）乡村旅游认知

根据调查分析，60%的消费者对乡村旅游有着部分了解，仅有5%的消费者非常了解乡村旅游。

可以看出，图6中以基本了解和部分了解乡村旅游的消费者居多，说明绝大部分的消费者对乡村旅游还是有着一定的了解，但了解程度还是较浅。发展乡村旅游产业应当使消费者更进一步加深对乡村旅游的了解，使更多的消费者愿意进行乡村旅游活动。

50%的人是通过电视广告以及相关宣传对乡村旅游进行了解的，电视广告和政府在乡村旅游发展的过程中起着重大的宣传作用（见图7）。为了提高消费者对于乡村旅游的了解程度，必须加大对乡村旅游的宣传力度。

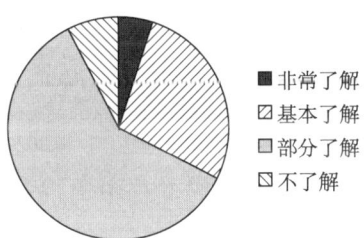

图 6　消费者对乡村旅游的了解程度

政府相关部门需要组织好对乡村旅游的宣传活动，同时也要灵活运用各种传媒手段，注重广告的作用，充分宣传乡村旅游产业，促进乡村旅游产业的良性发展。

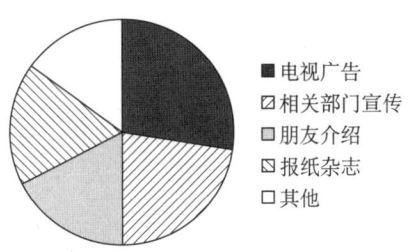

图 7　消费者了解乡村旅游的途径

（四）消费频率

40%的消费者偶尔进行乡村旅游，仅有5%的消费者经常进行乡村旅游。

经常进行乡村旅游的比重最小，偶尔和很少进行乡村旅游的消费者占调查中的超过半数的部分（见图8），这说明消费者进行乡村旅游的频率较低，也在一定程度上反映出乡村旅游对于消费者的黏性较低，消费者在体验过乡村旅游后较为容易失去新鲜感,不再进行乡村旅游活动。这就要求我们在开展乡村旅游产业的时候,必须立足于当地的特色文化背景,深挖当地乡村文化内涵,发展具有当地特色的乡村旅游,只有这样,才能避免在发展乡村旅游产业的过程中出现较为严重的同质化现象、增强乡村旅游产业对消费者的黏性,最终使游客愿意经常进行乡村旅游活动。

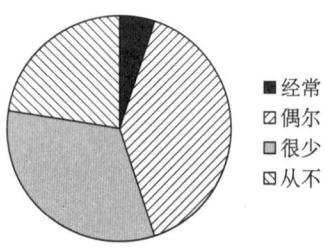

图8 消费者乡村旅游频率

(五)影响因素

根据调查数据显示,超过70%的消费者在影响其进行乡村旅游的因素中选择了服务、价格、口碑、品牌。

由图9可以看出,口碑、品牌、价格、服务这四个因素占据了饼状图超过50%的面积,它们是影响消费者进行乡村旅游的主要因素。优质的服务能够提升游客的旅游体验,而且人们对服务的要求较高;价格影响需求,合理的价格可以扩大市场需求,更多的消费者承担得起乡村旅游过程中的花费;建立品牌能够使消费者更好地了解乡村旅游特色项目,增加对消费者的吸引,同时品牌效应可以带来良好的收益。做好品牌建设、设置合理的价格、提供优质的服务，这些都利于乡村旅游良好口碑的形成。通过这一系列因素的改善，乡村旅游产业能够获得良性发展。

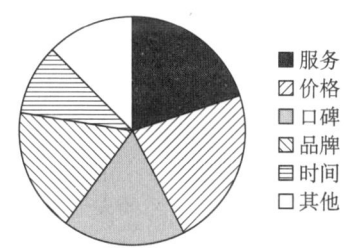

图9　影响消费者进行乡村旅游的因素

（六）发展前景

超过80%的消费者认为北京市乡村旅游发展前景较好。

由图10可以看出，绝大部分消费者对乡村旅游发展前景选择了好以及非常好。这说明消费者对北京市乡村旅游发展还是抱有很大的期望。在未来，乡村旅游产业或将迎来更大的发展，消费者在乡村旅游上也存在深度消费的可能性。

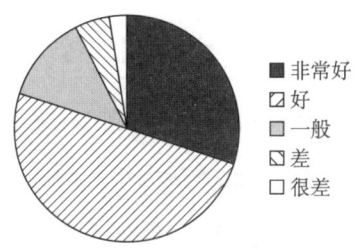

图10　消费者对乡村旅游发展前景的认知

四、密云古北水镇民宿区乡村旅游产业发展存在的问题

（一）基础设施、服务有待进一步完善

虽然相对于全国来说，北京市密云区的基础设施较好，有较为便捷的交通，游客可以通过地铁13号线转乘旅游公交专线到达，但途中耗时较长。自驾游可以走109国道，因为是山路的原因，对驾驶技术要求较高，较为难行。同时，公共设施存在一定的老化现象，公共基础设施的维护存在一定的问题，公共厕所的日常维护缺乏一定的管理。在住宿方面，房间设施存在一定的老化现象：洗浴设备老旧，WIFI信号的覆盖率都有待进一步提高。从事乡村旅游服务的多以当地居民为主，相对于较为发达的城市服务业而言，乡村旅游人员服务意识也有待进一步加强。

（二）乡村旅游同质化

以古北水镇的"过大年"主题产品为例。

民宿是古北水镇住宿的一大亮点，古北水镇拥有20多家客栈，房东来自全国各地，他们热情而朴实，会给来此"过大年"的客人"家一般"的温馨与快乐。古北水镇推出"长城下的年夜饭"，游客可以与房东一起吃年夜饭、包饺子、守岁，体验传统年味。但是，从长远来看，乡村旅游靠着这样的发展模式，不具有当地特色，也缺乏文化内涵。消费者在这种同质化的乡村旅游过程中很

容易失去新鲜感而选择其他的旅游方式,这不利于乡村旅游的可持续发展。

(三) 生态环境遭到了一定的破坏

在乡村旅游产业发展的过程中,不规范的操作在一定程度上对当地的生活、生态环境造成了破坏,旅游生态环境需要更好地维护。就生活环境而言,大量游客到来的同时也产生了大量的生活垃圾。由于生活垃圾的处理能力受限,在一定程度上对生活环境造成了影响。游客在旅游过程中的不恰当行为,例如,乱扔垃圾,对于当地的生态环境也造成了一定的破坏。古北水镇同样面临此类问题。

(四) 营销力度不足

虽然古北水镇民宿区主打特色旅游观光休闲,但消费者对其了解不深,游客并不是十分了解当地的特色,乡村旅游知名度仍有待提高。当地的居民虽然从事乡村旅游活动,但缺乏善经营、懂营销的人才,村民对于如何营销自己的特色乡村旅游产品缺乏门路和经验。"酒香也怕巷子深",缺乏必要的营销手段会使好的乡村旅游产品也罕有人问津。

五、密云古北水镇民宿区乡村旅游产业发展的建议

(一) 进一步完善基础设施建设

基础设施建设的完善有利于提高对游客的旅游体验,使其能够更舒适地

体验到乡村旅游的乐趣，增加对游客的吸引力。同时，基础设施的建设对当地的经济具有一定的促进作用，加快乡村旅游产业发展的同时也带动当地经济的发展。对于当地居民来说，基础设施的完善也为其生活的方方面面提供便利。

（二）深挖当地文化内涵

发展乡村旅游必须扎根当地特色文化。乡村旅游的发展过程中，要充分发挥当地民众的创造力。对于整体要有规划，但不能过于死板，这样会牺牲当地特色的文化。不能只注重当前的经济效益，要考虑较为长远的经济效益。以牺牲当地特色文化去迎合短期市场需求的行为，不符合可持续发展乡村旅游产业的要求。为此，古北水镇更应该立足于当地的文化，根据文化特色制定符合其发展方向的乡村旅游发展路线。让乡村旅游保持其原汁原味的乡土性，这是乡村旅游吸引人的最主要的魅力所在，失去了乡土性，乡村旅游产业的发展必定会受到阻碍。

（三）注重对生活、生态环境的保护

要充分考虑到当地开展乡村旅游的承载力，热门景区应采取一定的限流措施。南锣鼓巷主动取消其3A景区的标识，主要原因在于过多的人流量导致其拥堵不堪，同时商业化浓重，使其失去了原有的文化环境。由此可以看出，当超过当地旅游承载力的时候，旅游的环境必将遭到一定的破坏，我们不能走原先那种"先破坏，后保护"的路子，必须坚持可持续发展的概念，这就要求我们在开展乡村旅游的时候,一定要注意对当地乡村旅游生活、生态环境的保护。只有好的环境,才能吸引游客的到来,才能使当地人生活舒适,才能实现乡村旅游产业的可持续发展。

(四)加大宣传力度

政府相关部门可以通过电视广告、政府宣传等一系列途径,加大对乡村旅游产业的宣传。同时,乡村旅游经营户也应当提升自己的营销意识,可以在有条件的情况下使用互联网推广的手段,借助互联网平台,例如,美团等较为新型且门槛低的营销平台,通过互联网使更多的消费者更深入地了解到当地的乡村旅游产业,提高其乡村旅游品牌知名度。

北京市休闲农业旅游产品消费行为研究
——以海淀区精灵农庄为例

田振 赵天义 裴丽蓉 潘钰莹 高艺秦 宋文君

一、基本情况

（一）调查的目的

本文基于创意产业的视角，将创意农业产品开发的研究置于多学科的理论视野之中，综合运用心理学、现象学、社会学等研究领域较前沿的理论成果，对创意农业产品的开发进行系统的理论阐释与实证研究，提出创意农业创意旅游及产品的概念，对创意农业产品现有的类型、特点以及供给、需求进行多层面的剖析，构建创意农业产品的创意生产模式和创意农业者的创意体验模式。在创意农业产品的创意生产模式和创意农业者的创意体验模式基础上，构建创意农业产品开发的 ERMP 模型。目前，北京的创意农业产品的问题主要是类型上单一、无创新，大多数雷同而没有特色；丰富多彩的民族文化资源和游客日益增长的商品需求，与当地匮乏的生产创意、落后的文化保护机制和不成熟的产业链条之间存在矛盾。找到一种将北京丰富的旅游资源与休闲农业旅游产品相结合的开发模式，对北京市创意农业大发展具有重要的实践意义。

（二）调查的内容

了解海淀区精灵农庄消费现状，对来此游玩的消费者展开调查，了解当前消费者对休闲旅游、休闲农庄的理解以及对休闲农业形式的看法。

（三）调查的时间、地点、方法

本次调查采用了访谈法、抽样调查和问卷调查法，于2017年9月21日在北京市海淀区精灵农庄进行了抽样调查，发放问卷60份。

（四）调查过程

本次调查分为5个步骤进行：选题分析、问卷制订、发放问卷、资料整理、撰写报告。

第一，选题分析。通过收集资料，研究小组最终确定调查选题为"北京休闲农业旅游产品消费行为研究——以海淀区精灵农庄为例"。因此，本次调查为现状调查。

第二，问卷制订。通过对休闲农业的文献收集整理，研究小组分析出休闲农庄可能的影响因素，考虑到问卷填写人群的特点以及对休闲农业内涵的把握，制订针对乡村旅游现状可能出现的问题的调查问卷。

第三，发放问卷。运用课余时间，研究小组成员对确定好的调查地点进行问卷的发放和回收，力求做到抽样调查人群的随机性，保证调查结果的真实有效性。

第四，资料整理。研究小组对调查收集到的一手资料进行整理、分类、总结、统计等工作，并分析出现的问题，提出建议和意见。

第五，撰写报告。调查的最后一个步骤是调查报告的撰写，真实的、系统的、规范地记录此次调查的结果，形成书面报告，展示调查成果。

二、调查结果概述及分析

（一）研究方法及思路

1. 规范分析

从已有的文献与理论分析出发，研究小组归纳演绎得出乡村旅游创意产品开发模式的假设条件与前提。

2. 定性分析

从区域旅游环境、资源、市场和产品四大维度进行具体分析，构建休闲农庄创意产品开发的 ERMP 模型和北京市休闲农庄创意产品的空间布局，找出北京市休闲农庄创意产品开发模型的构成因素。

3. 定量分析

利用 SPSS 统计分析工具，研究小组采用因子分析方法并结合层次分析法与聚类分析法对乡村旅游创意产品开发的 ERMP 模型进行动态检验。

(二) 研究路线

本文的研究路线如图 1 所示。

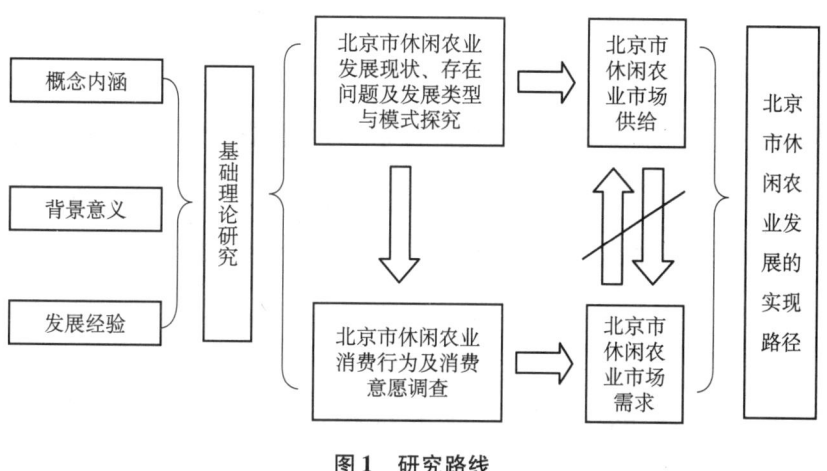

图 1　研究路线

(三) 休闲农业相关基础理论研究

1. 多功能休闲经济理论

在西方，人类对休闲的认识最早可以追溯到古希腊的亚里士多德，他把

"休闲"誉为"一切事物环绕的中心""科学和哲学诞生的基本条件之一"。这一思想已成为西方文化的传统。在我国，著名经济学家于光远最早提出进行休闲理论研究。多功能休闲农业与传统农业不同，从其自身的内涵和特点来看，它具有生产功能、生态功能、旅游功能、创收功能、教育功能、辐射功能、文化传承功能7个方面的功能。建设休闲农业必须重视农业的多功能性，可见多功能休闲农业在我国农业发展中占有重要位置，同时也是农业发展的重要要求。

多功能休闲理论为创意农产品的发展提供了创意方向。一方面，改造农产品原有的价值和功能，特别是农产品的使用价值、无形价值及附加价值，可以增强农产品在生产、包装、体验等方面的美感。另一方面，创意农产品能够突出我国历史悠久的农业文化，展现现代新型农业发展过程中所表现出来的乡村风俗、生活习俗等，同时在农产品的创意生产过程中，增加创意农产品的文化价值、教育价值、观赏价值等一系列的多功能价值。

2. 消费行为学理论

消费行为学是研究消费者的行为规律的科学，是一门运用心理学、社会学、生理学、伦理学等学科原理，以消费者行为为研究对象的综合性学科。传统消费者行为学理论模型为AIDMA，由美国广告学家E.S.刘易斯在1898年提出。从传统工业时代到网络时代，互联网与移动应用得到了暴发性的普及。日本广告公司电通公司针对互联网与无线应用时代消费者生活形态的变化，提出一种全新的消费者行为分析模型ADSAS：Attention（引起注意）、Interest（提起兴趣）、Search（信息搜寻）、Action（购买行动）、Share（与人分享）。20世纪90年代以来，消费者行为将关注重点放在了需要、动机和生活形态等消费者心理与消费者购买行为之间的关系，在消费者决策理论、消费者体验理论、刺激—反应理论和平衡协调理论等方面研究有重要进展，并形成了系统的理论体系。

消费者在购买农产品时会经过前期决策、购买、消费和处置等几个阶段，研究每个阶段消费者行为的影响因素至关重要。购买创意农产品要比购买传统农产品的决策过程复杂得多，所以在生产创意农产品前必须精准分析消费者的需求，让消费者充分感知、体验创意农产品为他（她）们带来的效用。对消费行为的研究可以帮助我们更好地解读消费者的购买心理，对于创意农产品的设计具有重要的指导意义。

（四）北京创意农产品行业现状

1. 创意农产品已成为北京农业发展的新增长点

国家对农业高度重视。在北京市的鼓励支持下，创意农业已成为北京农业发展的主要发展模式，创意农业为提升农业的附加值，促进城乡互融互动，辅助农民增收提供了新的动力。据不完全统计，北京已经拥有具有北京特色的创意农产品三十余种类型，郊区的创意农产品达到了200多种。由此可以看出，创意农产品已成为北京农业发展效益增收的重要增长点，也是北京农业发展的新的增长点。

2. 创意农产品的高融合性，创造了具有特色的农产品

创意农产品是以农业资源为基础，在生产、加工和营销过程中，融合科

技、文化、创意、美学等元素,以农业观光为切入点,打造含有科技附加值、文化附加值、创意附加值和美学附加值,迎合消费者从生理需求向精神需求的转变的创意农产品。创意农产品可以结合当地自然、文化、历史等特色,在包装、生产方式、用途和农产品自身外观上进行创新,创造具有个性化的农产品。

3. 创意农产品具有高附加值,增加了农民的收入

创意农产品首先强调的是农业的发展,通过在农产品中融入科技、文化、创意和美学的元素,提高农产品的附加值,提升农产品的市场竞争力,加快农产品的品牌化的脚步,使其形成一个完整的产业体系,使第一产业、第二产业和第三产业相融合。创意农产品可以增强农业的辐射能力,带动相关产业的发展,扩大了各个产业的增值范围,进而增加劳动市场中的劳动力需求,可以增加从业人员的就业机会,从而解决富余劳动力的问题,进一步提高农民的收入。

4. 创意农产品已成为北京创意农业发展的核心推动力

创意农业的发展类型包括创意农业园、创意餐饮经营模式、创意农业节庆和创意农产品。其中,创意农产品是集科技、文化、创意和美学元素为一体的农产品。创意农产品的发展是创意农业发展的重要体现。很多类型的创业类型都是以创意农产品为依托而延伸出来的类型,比如:创意农业节庆和创意餐饮经营模式都是以创意农产品为基础,融入当地习俗进行的创意农业活动。由此看来,创意农产品是创意农业发展的核心竞争力,是北京发展创意农业的核心推动力。

三、存在的问题

（一）缺少完善的农业金融体系支持

在北京，虽然政府对农业尤其是创意农业的支持力度很大，但是融资难仍然在一定程度上阻碍了北京文化创意农业的发展。因为国内多数创意产业是以中小企业为主，在筹集资金时缺少相应的农业金融的支持，会在一定程度上限制创意农业的规模，制约创意农业在北京发展的速度。

（二）缺乏品牌意识

创意农业作为北京发展现代农业的新兴业态，创意农产品又是创意农业的重要表现产物，创意农产品品牌的构建对北京现代农业的发展起到重要作用。相对于产品、渠道、价格和促销对产品市场营销的作用，品牌对产品营销的作用也不可忽视，逐步提升品牌知名度与认知度有助于获得大众消费者的认知，提升品牌美誉度和忠诚度有助于促进消费者的自传播与重复购买，从而在产品的市场营销中发挥作用。然而，在目前的农业生产中，大多数农产品生产者缺乏品牌意识，无法在农产品营销中很好地发挥品牌的作用。

（三）欠缺创意农业氛围

一个良好的发展氛围对任何产业的发展具有直接的影响作用。营造良好的创意农业发展的氛围是发展北京创意农业的前提。目前，创意农业虽然在北京得到迅速的发展，但是还未形成如火如荼的发展氛围，只是在小范围内进行了试点。同时，创意农产品还未被广大的消费者所认知、所接受。所以说，欠缺创意农业氛围是北京市创意农业发展缓慢的一大痛点。

（四）创意农产品技术含量较低

创意农产品的附加值是靠融入科技、文化、美学等元素来实现的，就目前创意农产品的发展来看，大多数创意农产品多是在产品的外观和包装上加入创新元素。而这些元素是很容易被模仿和借鉴的，所以产品在市场里缺少核心的竞争力。很少有生产者在农产品中融入科技含量较高的技术，导致创意农产品技术含量低、竞争力小。

四、北京市休闲农业消费行为的影响因素研究

（一）数据来源

为了对北京休闲农业旅游产品消费行为进行研究，我们采取实地调查的方式对消费者进行了调查。问卷的调查内容和调查对象主要是针对北京的消费群体进行设计的，基于北京休闲农业旅游产品消费行为、消费意愿影响因素，分别对价格、产品自身创意能力以及消费者收入水平等因素进行分析，

然后通过因子分析法进行相关性检验，分析影响消费者消费意愿的影响因素。调查对象选定为海淀区上庄镇精灵农庄的游客，调查时间集中于2017年9月。

（二）指标的选取

当两组变量的相关系数显著性检验P值小于0.5，两组之间的差异显著，而且两组变量有着显著关系，适合用因子分析法进行分析。

本研究选取消费者对创意农业产品购买意愿为因变量，通过因子分析，将解释变量进行归类，为建立二元Logistic回归模型进行研究打下基础。通过SPSS软件进行KMO检验，通过KMO检验统计量为0.753，其值是大于最低标准0.5的，因此适合做因子分析。我们也进行了球形度检验，拒绝单位相关的原假设，得到的P值小于0.01，证明变量之间存在非常显著的差异，适合做因子分析（见表1）

表1　　　　　　　　　　KMO 和 Bartlett 的检验

检验		结果
取样足够度的 Kaiser-Meyer-Olkin 度量		0.753
Bartlett 的球形度检验	近似卡方	255.564
	df	153
	Sig.	0

我们针对北京市创意农业产品消费意愿的分析选取12个影响因素指标：X1为产品价格，X2为产品花费所占消费比例，X3为产品品牌，X4为产品质量，X5为产品外形设计，X6为产品材质，X7为产品服务，X8为产品包

装，X9 为产品的便携性，X10 为产品的纪念性，X11 为实用性，X12 为产品的体积。

根据研究的需要，我们提取了 3 个公共因子（F1、F2、F3），解释的方差累计达到 70.452%，所以说明这 3 个公共因子有能力解释原来选取的 12 个指标变量（见表2）。

表2　　　　　　　　　　正交旋转后的因子载荷

因子	评价指标与影响因子	因子载荷	方差贡献率	累计方差贡献率
F1 价格因子	X1 产品价格	0.667	22.48%	22.48%
	X2 产品花费所占消费比例	0.756		
F2 产品内在特征因子	X3 产品品牌	0.676	20.71%	43.20%
	X4 产品质量	0.726		
	X6 产品材质	0.704		
	X7 产品服务	0.797		
	X9 产品的便携性	0.645		
	X10 产品的纪念性	0.766		
	X11 实用性	0.606		
F3 产品外在特征因子	X5 产品外形设计	0.876	27.26%	70.45%
	X8 产品包装	0.803		
	X12 产品的体积	0.673		

因此，建立公因子 F1、F2 和 F3 的得分系数就可以利用表3的成分得分系数矩阵中的系数，并且可以分别计算出各公因子的因子得分，为下一步通过消费者购买意愿影响因素建立的模型分析做准备。上述分析所采用的是为主成分提取方法，利用的是具有 Kaister 标准化的四分法旋转的方法。

表3		成分得分系数矩阵	
指标 Index	因子 Factor		
	F1	F2	F3
X1	0.060	-0.206	0.189
X2	-0.043	0.132	0.353
X3	0.272	-0.210	0.107
X4	0.293	-0.102	-0.209
X5	0.308	-0.009	-0.204
X6	0.202	-0.048	0.162
X7	0.222	0.137	0.023
X8	0.182	0.124	0.129
X9	0.032	0.012	0.409
X10	0.007	0.434	-0.010
X11	-0.054	0.465	0.007
X12	-0.032	-0.170	0.337

（三）模型的构建及结果分析

本文将消费者对北京创意农业产品消费意愿作为因变量，由性别、年龄、受教育程度、职业、月收入、价格因子、产品内在特征因子和产品外在特征因子作为自变量，建立二元 Logistic 回归模型（见表4）。在 Logistic 回归模型中，因变量设为 Y，服从二项分布，取值为 0 和 1，自变量 Z_1、Z_2、$\cdots Z_n$，模型如下：

$$\ln \frac{p}{1-p} = \beta_0 + \sum_{i=1}^{n} \beta_i Z_i + \mu$$

于是有：

$$P(Y=1) = \frac{\text{EXP}(\beta_0 + \sum_{i=1}^{n}\beta_i Z_i + \mu)}{1 + \text{EXP}(\beta_0 + \sum_{i=1}^{n}\beta_i Z_i + \mu)}$$

或者 $$P(Y=1) = \frac{1}{1 + \text{EXP}[-\beta_0 + (\sum_{i=1}^{n}\beta_i Z_i + \mu)]}$$

在上述公式中，P 为消费者对创意农业产品的购买意愿，β_0 为模型的常数项，n 代表自变量的个数，β_i 为影响因子的系数，Z_i 为影响因子，μ 模型中所发生的随机误差项。

表4 消费者对创意农业产品购买意愿模型变量表

变量名称	变量符号	变量定义
性别	Z1	1 = 男, 2 = 女
年龄	Z2	1 = 20 岁及以下, 2 = 21~40 岁, 3 = 41~60 岁, 4 = 60 岁及以上
受教育程度	Z3	1 = 初中级以下, 2 = 高中（中专）, 3 = 大专, 4 = 本科, 5 = 硕士及以上
职业	Z4	1 = 公务员或其他事业单位, 2 = 务工人员, 3 = 务农人员, 4 = 自由职业者, 5 = 失业及无业人员, 6 = 学生
月收入	Z5	1 = 2000 元及以下, 2 = 2001~4000 元, 3 = 4001~6000 元, 4 = 6001~8000 元, 5 = 8000 元以上
价格因子	Z6	包含 X1 和 X2
产品内在特征因子	Z7	包含 X3、X4、X6、X7、X9、X10、X11
产品外在特征因子	Z8	包含 X5、X8、X12
购买创意农业产品意愿	Z9	1 = 愿意, 0 = 不愿意

根据二元 Logistic 回归分析法对模型进行预测，根据预测，模型对"愿意购买"的预测正确率为 100%，如果是将样本中每一个个体分类到"愿意购买"的选择中，由表 5 中可以看出，其正确率为 63%，所以说，此模型的预测效果良好，可以做二元 Logistic 回归分析。

表 5　　　　　　　　　　　　　分类表

观测值	预测值	购买意愿		百分比正确
		0（不愿意）	1（愿意）	
购买意愿	0	1	37	0
	1	0	63	100
总体百分比				63

注：a 模型中包括常量；b 分界值为 0.500。

表 6 所反映的是模型中各自变量的偏回归系数（B）、标准误差（SE）、Wals 卡方值、自由度、显著性，可信区间 95%，显著性低于 0.05 的是具有显著性的。由回归结果可以看出，年龄、受教育程度、月收入、产品内在特征因子和产品外在特征因子五种影响因素的 Wald 检验值分别在 1% 和 5% 的水平上显著，而其他性别、职业和价格因子三者因素的 Wald 检验值在模型中不显著。以下论述是对模型回归结果和各因素的系数结果进行详细的解释。

表 6　　　　　　　　二元 Logistic 回归模型分析结果

项目	方程中的变量	符号	B	S. E.	Wald	自由度	显著性	Exp（B）
步骤 1a	性别	Z1	-0.227	0.315	0.519	1	0.471	0.797
	年龄	Z2	-0.867	0.608	2.031	1	0.0402	0.42
	受教育程度	Z3	1.383	0.277	24.847	1	0	3.987
	职业	Z4	0.354	0.119	8.794	1	0.314	1.425
	月收入	Z5	0.108	0.13	0.688	1	0.004	1.114
	价格因子	Z6	-0.139	0.159	0.764	1	0.382	0.87
	产品内在特征因子	Z7	0.223	0.164	0.019	1	0.031	0.978
	产品外在特征因子	Z8	0.102	0.157	0.423	1	0.015	1.107
	常量		-7.37	3.237	5.183	1	0.023	0.001

a 步骤 1：Z1、Z2、Z3、Z4、Z5、Z6、Z7、Z8 输入的变量。

（1）消费者的性别。由表 6 可以看出，该显著值高于 0.05，说明该因素在模型中的作用不显著，消费者的性别的差异性对购买创意农业产品的意愿没有显著影响。

（2）消费者的年龄。同理可以看出，该因素在模型中的作用呈显著性，回归系数为负数，说明在年龄20～60岁的消费人群中，购买创意农业产品的意愿与年龄呈负相关的回归关系。也就是说，在此年龄阶段，随着年龄的增长，购买创意农业产品的意愿越来越弱。

（3）消费者的受教育程度。同理可知，该因素在模型中是极为显著的影响因素，可以说明受教育程度是影响购买创意农业产品意愿的重要因素，且回归系数为正数，所以说购买创意农业产品意愿的因变量和受教育程度的自变量呈正相关的回归关系。也就是，受教育程度越高，对创意农业产品的购买意愿越强。

（4）消费者的职业。该因素在模型中是不显著的自变量，说明消费者职业的差异性对购买创意农业产品的意愿无显著影响。

（5）消费者的月收入。此因素在该模型中是一个特别显著的变量，且该变量的回归系数为正数，说明消费者对创意农业产品的购买意愿与月收入呈正相关的回归关系。换言之，随着消费者月收入的增加，居民生活质量的提高，消费需求也随之升级，对创意农业产品的需求增加，消费者购买创意农业产品的意愿也就越强。

（6）价格因子。该因素在模型中是一个不显著的变量，且回归系数为负数，也就是说，购买意愿与价格成负相关的关系，价格越低，消费者的购买意愿越强。

（7）产品内在特征因子。由数据可以看出，此因素在模型中是显著的变量，且回归系数为正数，说明该因素所包含的指标因子对消费者的购买意愿呈现正向的影响。也就是说，提高产品的质量、产品的品牌知名度、产品的服务质量等产品的内在特征的因素,可以增强消费者对创意农业产品的购买意愿。

(8)产品外在的特征因子。该因素同样是模型中作用显著的变量,回归系数也是正数,说明消费者的购买意愿与产品外在特征呈正相关的关系。也就是说,产品的包装越好,消费者对该产品的购买愿望就越强。这说明消费者在关注产品质量、品牌和服务等内在的特征时,对产品外在的设计也是关注的。

五、北京市创意农业产业发展研究的结论与建议

(一)结论

通过上述的论述,可以得出以下结论。

(1)消费者受教育程度越高,对创意农业产品的购买意愿越强。

(2)消费者购买休闲旅游产品时,随着价格的改变,购买意愿的强度也会改变,价格越低,消费者的购买意愿越强。

(3)提高产品的质量、产品品牌的知名度、产品的服务质量等产品内在的产品力,可以增强消费者对创意农业产品的购买意愿。

(二)建议与对策

1. 构建完善的农业金融体系,促进创意农业的规模发展

完善的农业金融体系,对创意农业发展的规模具有重要的作用。所以,

北京市首先要完善相关扶持政策体系，确定政策导向，为创意农业发展搭建金融平台，加强对创意农业的引导；针对创意农业的高新技术需求和文化创意需求，加入对创意农业的科技、资金以及资源投入。

2. 增强生产者的品牌意识，提升创意农产品的核心竞争力

北京市居民收入不断增加，消费水平不断提高，对农产品的需求不仅仅是简单的生活需求，对农产品的质量、信誉和保障看得越来越重。站在消费者的角度来看，构建农产品品牌可以在一定程度上迎合消费者的消费心理。而站在生产者的角度来看，增强生产者的品牌意识、构建自己的品牌农产品，有助于提升产品的核心竞争力。

3. 加大休闲农业旅游产品的宣传力度，创造良好的氛围

北京的创意农业已成为发展北京都市型现代化农业的主要推动力，而创意农产品是创意农业的重要产物，所以加大对创意农产品的宣传力度，让更多的人认识和了解创意农产品，有利于创造良好的创意农业氛围，更好地促进北京都市型现代化农业的发展。

4. 提高创意产品的技术含量，增加产品的附加值

在农产品中融入更高的科技含量有助于提高创意农产品的质量水平，增加农产品的附加值，所以，我们应注重农业科研人员的培养，增加农产品的核心竞争力和附加值。

河北省保定市太行水镇旅游扶贫开发效应研究

许萍　李阳　彭一婧　张静　常森　佟玉焕

一、研究背景

进入 21 世纪以来，我国的经济、社会发展迅猛，人均收入与消费水平都大幅度提升。旅游行业也正在蓬勃发展并发生着改变，由城市旅游为主逐渐扩展到时下流行的乡村旅游，乡村旅游在旅游市场的占比逐步增加。我国广大农村地区虽然经历了改革开放后的大发展，逐步摆脱了贫穷状态，但是与城镇居民相比，家庭收入仍然处于较低水平。党和国家高度重视旅游扶贫事业的发展，并且制定了一系列政策措施保障旅游扶贫事业、乡村旅游的发展。在市场推动、政府支持和乡村地区迫切需求下，我国乡村旅游产业快速发展，许多有旅游资源的重点乡镇纷纷开发旅游产业。由于乡村旅游产业在我国发展时间较短，经验、资金及配套措施欠缺，发展过程暴露了许多问题，比如重复开发和盲目开发，由此导致的开发层次较低、竞争力不强等问题。

在大力发展旅游扶贫的大环境下，本次暑假调查对河北省太行水镇开展实地调查，通过问卷调查和访谈等方式获取第一手资料，全面了解太行水镇具体情况，试图通过太行水镇的情况分析我国乡村旅游扶贫产业的问题并提出相应的对策，为我国旅游扶贫产业的发展提供一定的理论借鉴。

二、研究意义

（一）理论意义

随着我国经济的快速发展，旅游扶贫产业取得了长足的进步，但是理论研究总是滞后于现实情况，大多数研究从问题入手寻找具体对策，缺少可持续发展的理念，过多关注外部的扶贫帮扶，缺乏深入当地实际、当地区域环境以及贫困角度，很少关注发自当地的内部发展力量。因此，本文从谋取当地可持续发展、积极促进当地自身自发展的角度，结合太行水镇旅游扶贫产业具体案例，探讨其在旅游产业发展中的情况，分析现象，找出问题。进而从政府规划、区域之间联合等多维角度，寻找解决太行水镇贫困问题的最佳方案，为太行水镇彻底脱贫并实现可持续发展，甚至为全国类似地区的脱贫提供案例借鉴和理论参考。

（二）实践意义

本文通过问卷调查和实地走访获取第一手资料，采用了形象且具有说服力的定量分析，结合定性分析，把太行水镇发展旅游扶贫产业以来在社会经济、生态建设及社区文明等方面，发展旅游扶贫产业对贫困地区和贫苦居民所产生的积极意义做了总结。调查研究也发现了一系列问题，主要是景区配套实施建设、政府规划以及地区协调等方面的问题。本文通过问题的分析，提出了一些实际可行的建议，主要是监督并加强政府合理规划、完善景区配套设施建设、格外保护生态环境等，在实际应用过程中具有较好的效果，尤其对于类似于太行水镇的贫困地区具有很好的借鉴意义。

三、太行水镇社会经济及旅游扶贫开发现状

（一）太行水镇概况

太行水镇位于河北省保定市易县安格庄乡，以太行民俗、地域小吃为特色，建成于2016年。太行水镇景区规划面积约为3.5公顷，总投资36.6亿元。其交通便捷，紧临京昆、张石、荣乌三条高速公路，内与国道、省道、县道相连，外与京石、津保、保沧等高速公路相通，形成了"以高速公路为主导、国省干道为支撑、县乡公路和旅游公路为基础"的外联内通网络格局。

（二）太行水镇旅游扶贫现状

1. 太行水镇旅游业发展情况

太行水镇包含太行水镇核心区、长寿村、恋乡农场、芳香养生区、田

园康养区、养心谷、文化创意区、综合服务区、滨水休闲区、生态涵养区十大功能区，核心区最早正式运营。核心区包括恋乡馆、风情小吃街、传统十二工坊、主题餐饮、太行山货街、大师工坊、风情客栈、酒吧街、民俗广场、太行民宿等休闲体验和消费项目，吸引了7家中华老字号品牌入驻，云集27家国家省市非遗传承项目，打破了多项世界吉尼斯乡村板块之最。

太行水镇民俗文化体验内容包括"长寿村"安格庄村、风情客栈、特色民宿、恋乡馆、民俗广场、传统十二工坊、太行山货街等方面。民俗广场是戏剧、杂技、祈福活动的场所，传统十二工坊汇聚了全国各地特色美食及手艺品。太行山货街售卖当地的特产，如核桃、柿饼、大枣、山蘑等。其节庆旅游项目包括民间艺人艺术节、太行水镇国际冰雪嘉年华等。

太行水镇的"农家乐"不再局限于吃农家饭、住农家屋，而是通过经营特色产业来吸引游客，例如，各种美食作坊采用前店后厂的模式，省掉中间商环节，各个生产环节严格把关，保证提供最新鲜的食品。游客可以到生产现场亲自操作，见证产品的生产过程和加工工艺。特色民宿、风情客栈，不仅整洁卫生，而且别具特色。

总体来说，太行水镇以休闲、养生、康乐、生态为主旨。水镇为南方古镇风格，又具有全国各地特色小吃、太行民宿、民俗演绎、艺术真品，满足游客物质和精神的需要，市场需求很高，是休闲度假的佳地。

2. 太行水镇旅游扶贫开发现状

太行水镇隶属安格庄乡，据2018年统计数据显示，安格庄村有280户、

1060人，依托于农家院、民宿、乡村客栈，2018年全村人均纯收入7600元。2016年，投资2.6亿元的太行水镇核心区正式投入运营。2017年9月24日，恋乡·太行水镇首届乡村民俗节开幕。太行水镇运营后，全村在政府和相关旅游企业的支持下，积极投入旅游活动中。据实地采访，2017年9月24日至2018年4月30日，接待游客176万人次，孵化回乡创业团队120个，扶持农民为主的个体工商户176个，提供农村劳动就业岗位656名。

旅游业在消除贫困和促进当地经济发展方面的独特作用，使有一定旅游资源的贫困地区纷纷选择了发展旅游业。旅游业不仅能够带来比较可观的门票收入、旅游消费收入，更重要的是带来了可观的人流，由此形成的资金流、物流和人才流动，对于扶贫旅游发展最为重要，可以从根本上避免贫困反弹现象，使贫困地区真正走上富裕之路。

（三）太行水镇旅游扶贫开发SWOT分析

1. 优势分析

太行水镇位于河北省中西部，东北方向距北京120千米，东南距河北雄安新区100千米，东距天津190千米，南距河北保定70千米。它是河北省重点打造的旅游产业聚集区之一，也是环首都旅游圈和太行山旅游带的重要组成部分，区位优势明显。

太行水镇西傍易水湖，北靠清西陵，南连狼牙山，又处于太行山脚下，自然、人文旅游资源丰富。由于太行水镇风光独特，游客出于猎奇心理，愿意来水镇游览，太行水镇管理部门巧借周边资源的名牌效应取得了良好的宣传效果，为景区招揽了大量游客。

太行水镇勇于打破传统的门票经济，景区免费观光。"无门票"模式对游客来说，一则减少了检查的烦琐，节约了宝贵时间，玩起来相对轻松自由；二则节约了游客的支出，能够吸引更多的游客，拓展了太行水镇的发展前景。

2. 劣势分析

自太行水镇项目投入旅游市场以来，其基础设施日趋完善，但纵观整个景区的发展，目前体现乡土风情的设施依旧相对单一。开发商基于利益最大化原则，将太行水镇打造成更有特色的景区，而当地居民出于代代相传的乡土之情，在景区开发过程中有着不同的看法，双方在市场运作及景区管理中往往容易产生摩擦和分歧。

太行水镇项目作为较大的工程，着实解决了当地部分居民的就业问题，也拉动了当地经济，取得了一系列成果。但也正因利益最大化这一动机，开发商等从业人员和村民的服务较为偏离的现象，使游客置身于乡俗风情的景区中时感受不到土生土长的民俗，这一现状阻碍了太行水镇的发展。

3. 机遇分析

市场需求。2015 年，农业部会同国家发改委等 11 个部门联合印发《关于积极开发农业多种功能，大力促进休闲农业发展的通知》，提出用地、财税、融资、公共服务等方面的政策措施。在国家政策的指引下，各地纷纷出台落实措施，河北省乡村旅游也在大力建设与发展中。

资金技术。目前，太行水镇项目规划面积约 3.5 平方公里，总投资 36.6 亿元，分 4 期建设，4 年完成。规划为："太行水镇核心区、长寿村、恋乡农场、芳香养生区、田园康养区、养心谷、文化创意区、综合服务区、滨水休闲区、生态涵养区"十大功能区。资金实力雄厚，为项目的发展与壮大提供了强有力的资金支持。

4. 威胁分析

一是景区竞争。位于北京市密云区的古北水镇，背靠司马台长城，坐拥鸳鸯湖水库，是京郊罕见的山水城结合的旅游度假景区。与河北交界，交通便捷，距首都国际机场和北京市中心车程均大约为 1.5 小时，距北京密云区和河北承德市约 45 分钟车程。景区内建有精美的民国风格的山地四合院建筑，它的建成对太行水镇的发展有较大制约。

二是生态破坏。太行水镇坐落在安格庄，由早年水库发展而来。由于周边村民无节制地获取资源及船舶通行，导致水质下降，加之村民放牧破坏了周边植被，对其生态环境构成了威胁。

三是文化破坏。据了解，由于该景区开发商与景区工作人员过于注重经济收益，而忽视了当地民风民俗的发展。2017 年 4 月，太行水镇内爆发的大规模冲突事件，致使小镇内多处设施被毁坏，影响恶劣，对太行水镇的旅游形象带来了巨大的负面影响。

四、太行水镇扶贫开发调查与分析

根据本文研究的目的，选取了调查和访谈对象，主要是太行水镇当地的老百姓，此外还随机调查了游客、导游、农家乐等。本次发放问卷分数为 67 份，经过几天的调查，实际收回有效问卷 60 份。具体分析内容如下：

（一）调查目的

为了更好地了解太行水镇当地居民的生活状况与经济状况、对旅游扶贫开发的认识与态度、对旅游扶贫开发的参与意愿等情况，本次调查决定以问卷调查为主，以访谈为辅，深入太行水镇调查获取旅游扶贫产业的第一手资料，通过对实地调查的结果进行统计分析，结合研究的问题，探讨太行水镇旅游扶贫产业的发展现状及存在的问题，运用所学知识找出应对之策，进而为太行水镇旅游扶贫产业的健康发展提供建议。

（二）调查内容

1. 居民参与旅游开发的了解程度

从调查结果中可以看出，当地居民对旅游景区的开发较为了解，了解程度较高，其中"非常了解"人数达到了 10 人，占比 17%，较为了解人数累计达到 37 人，所占比例高达 62%（见表 1）。但是在实际访谈中可以发现，当地居民对旅游景区的了解程度是较为有限的，了解层次不深，对当地旅游业发展规划了解较少，一方面由于旅游当局宣传工作没有落实，另一方面更主要的原因是当地居民文化数值较低，缺乏关系旅游景区发展的意识和知识储备。

表1　　　　　　　　居民对旅游景区的开发情况了解度

了解程度	非常了解	了解	一般	不了解	完全不了解
数量（人）	10	12	25	8	5
比例（%）	17	20	42	13	8

2. 关于居民参与旅游开发的积极性

通过实地访谈，我们发现太行水镇绝大多数本地居民对参与旅游扶贫开发的积极性很高，有68%的受访群众会积极参与当地的旅游开发，持"观望"或者"被动参与"或者"不参与"的比例仅有32%，相对于"积极参与"而言占比较小。通过对参与程度分析，绝大多数人参与度较高，有利于当地旅游业的发展。还有一定比例居民参与度不高，旅游部门应当多部门协调，在加大宣传的同时，积极制定方案，将更多的当地群众纳入旅游发展规划中，普遍提高参与度和参与群众的收益。

3. 居民关于旅游开发可能对当地带来的积极影响的评价

居民对旅游开发正面影响的认同程度见表2。

表2　　　　　　　　居民对旅游开发正面影响的认同程度

问卷调查项目	意见类型	认可程度（%）
旅游开发会提高居民的文化水平	非常同意	23
	同意	38
	无所谓	26
	不同意	11
	非常不同意	2

续表

问卷调查项目	意见类型	认可程度（%）
旅游开发会带来更多的就业机会	非常同意	29
	同意	44
	无所谓	17
	不同意	10
	非常不同意	0
旅游开发会改善生活环境	非常同意	36
	同意	34
	无所谓	15
	不同意	11
	非常不同意	4

4. 居民关于旅游开发可能对当地带来的消极影响的评价

居民对旅游开发负面影响的认同程度见表3。

表3　　　　　　居民对旅游开发负面影响的认同程度

问卷调查项目	意见类型	认可程度（%）
旅游开发会冲击当地文化习俗	非常同意	5
	同意	17
	无所谓	21
	不同意	24
	非常不同意	33
旅游开发成果无法惠及贫困人口	非常同意	9
	同意	17
	无所谓	21
	不同意	31
	非常不同意	22

续表

问卷调查项目	意见类型	认可程度（%）
旅游开发会破坏当地的生活环境	非常同意	13
	同意	16
	无所谓	19
	不同意	27
	非常不同意	25

数据调查显示，绝大多数接受调查的群众认同旅游业的发展将会带来诸多积极影响，当地居民对旅游业未来期望较高，即旅游扶贫产业的发展能够切实地改善人们的生活水平，消除贫困。57%的受访群众"不同意"或"非常不同意"旅游扶贫产业的开发对当地文化有较大冲击。我们在访谈中发现，这部分群众认为旅游扶贫产业的发展会丰富当地文化，有利于当地文化多元化；52%的接受调查的群众认为旅游开发不会破坏太行水镇的生活环境。而且，实地访谈发现，部分群众认为旅游业的发展会丰富太行水镇的生活内容，提高生活环境的质量。

五、太行水镇旅游扶贫开发的效应分析

（一）经济效应

太行水镇旅游扶贫产业的大发展优化了原有的产业结构，第三产业尤其是餐饮业和酒店业发展较快，当地居民的收入水平也显著提升，生活水平有了质的飞跃，该项目荣获"全国旅游扶贫示范项目"称号。深具当地特色的

旅游产品、饱含农家风情的农家乐如雨后春笋般蓬勃发展，居民年人均纯收入由旅游开发前的 2000 元左右，到 2018 年已经超过了 7000 元。太行水镇旅游产业的发展提高了贫困人口的生活水平，通过调查结果发现，当地贫困居民对旅游扶贫产业认可度较高，旅游产业的发展在增加就业机会、提高收入水平上作用明显。

（二）社会效应

由于当地长时间社会经济发展落后，与外界沟通较少，形成了"内敛"的"地方文化"。实地问卷调查和访谈发现，已经有部分居民意识到旅游产业的发展能够丰富当地文化内容，并走上多元化之路。旅游产业不仅有巨大的经济意义，而且在对改变当地社会氛围方面有着积极意义，能够将更多的外界信息带入太行水镇，让更多本地居民了解外面的世界，开阔视野，提高生活幸福感。我们在对天堂寨景区具体调查时发现，当地居民非常认同和支持旅游产业的发展，他们认为旅游产业的发展能够继承并发展当地特有民风民俗等传统文化，提高生活水平。通过上述分析，太行水镇旅游扶贫产业的发展具有较好的社会效应。

（三）环境效应

旅游扶贫产业的发展具有较好的经济发展环境效应。在大力发展旅游扶贫产业的背景下，太行水镇旅游管理部门加大了对应的基础设施投入，在公路建设、环境绿化、停车场建设以及公共卫生建设方面投资较大。旅游产业的发展在提高当地居民收入水平基础上，加快了新农村大力建设，优化了生活生产环境，对当地经济环境具有显著的正效应。当然，在旅游业发展的同时，也不可避免地出现局部地区自然环境破坏等负面影响。太行水镇旅游业开发刚起步，更多地注重经济效益，自然地就弱化了对环境负面影响的关注。

六、太行水镇旅游扶贫开发措施建议

（一）保障贫困居民的权益

合理的制度设计能够较好地避免道德问题和系统问题，将合理比例的贫困人口纳入现有的旅游管理制度，是切实实现旅游扶贫目的重要保障。现有的旅游管理制度由政府及有关部门主导，企业和民众虽然有部分参与，但是参与比例很小，缺乏代表性，其科学性也受到普遍质疑；同时由于力量薄弱，制度设计上的缺陷，使企业和贫困民众在现有的旅游管理中发挥作用极小。所以，必须深化现有的旅游参与制度，从普遍性、科学性和有效性方面进行制度设计，尤其是将合理比例的贫困人口切实纳入管理体系，真正实现为了人民而发展。

（二）建立旅游扶贫开发信息系统

人是社会最基本的组成单位，人口信息是整个社会信息系统的基础，加强对人口信息的搜集与分析，能够从宏观上和微观上把握人口各种特点，比如，民族类别、人口分布以及生活水平状态，更重要的是可以和其他层次的数据进行联合分析，扩展研究的广度和深度，比如可以结合人口构成与产业结构构成、探讨两者之间的关系。太行水镇发展旅游产业，目的在于增加当地贫困人口的收入，提高贫困人口的生活水平，逐步实现富裕，进而推动太行水镇整体社会经济的发展。建立太行水镇贫困人口信息系统，普查贫困地区贫困人口，对其进行各要素统计分析，能够为旅游产业的发展与贫困地区贫困人口收入水平的改善建立联系，为太行水镇从根本上摆脱贫困奠定基础。

（三）结合市场需求转型升级旅游产品

近年来，乡村旅游在我国已取得快速发展，仅河北省就有10条精美的旅游线路。太行水镇想在众多乡村旅游中脱颖而出，就必须重视市场调查，根据市场需求并结合地域特色转型升级旅游产品。太行水镇应完善旅游产业链，让一、二、三产业深度融合到乡村旅游中，如农业劳作体验、美食教学、乡村智慧旅游等，让游客便捷地体验到乡村生活的乐趣。

"多点"用户网购农产品满意度分析调查

杨帆　张浩然　王译婧　蒋年华　钱杰　安赛

一、绪论

(一) 研究背景与意义

1. 研究背景

我国农产品电子商务是在20世纪90年代发展起来的,虽然起步较晚,但是发展迅速。目前,我国生鲜农产品电商市场上已经形成了三大阵营,第一阵营是以天猫、京东为代表的大电商平台生鲜频道,第二阵营是以本来生活网、我买网等为代表的垂直式生鲜农产品电商,第三阵营是传统超市生鲜农产品电商,如永辉超市。生鲜农产品电商虽然现在发展迅速,但是也出现了很多问题,如冷链物流问题、物流成本问题、产品问题等。

2. 研究目的和意义

本文以电商"多点Dmall"(以下简称"多点")为调研对象,研究新零售销售模式以及用户满意度，具有以下几点意义：第一，了解电子商务的发展趋势。马云提出的"新零售"是对传统电子商务的一个提高、升华。本文从用户满意度的角度探究新零售这一新的销售模式的发展现状、发展问题以及发展前景，有利于揭示电子商务的发展趋势。第二，对于"多点"来说，用户满意度调查可以发现其在运营中的可取之处以及需要加强、改进的问题，用户满意的做法，保留、发扬，用户不太满意的，整改、调整，促进平台的长远发展。第三，用户满意度调查有助于把用户关心的问题传递给"多点"，帮助"多点"保障用户的有效供给，减少市场失误。第四，"多点"得到的经验教训，能为其他新零售平台提供借鉴。

（二）文献综述

1. 关于用户网购满意度的研究

邹俊（2011）通过网购生鲜农产品运作形式，研究消费者网购生鲜农产品的意愿，他发现消费者网络感知与评价等因素对消费者网购生鲜农产品有显著影响。吴自强（2015）得出生鲜农产品的认知度、食品安全以及服务态度等方面影响人们网购生鲜农产品的结论。郑亚琴、杨颖（2014）认为，产品属性、价格、品牌和配送效率会直接影响消费者线上购买生鲜农产品的行为。许逸坚（2014）研究发现，不仅生鲜农产品的质量、价格等因素会影响人们的购买，天气和季节的变化也会影响人们的购买行为。谢名良（2016）研究发现，消费者态度、物流因素、线下购买的便利程度、消费者受教育程度与市民网购生鲜农产品意愿呈正相关关系，而线下购买便利程度与网购意愿呈负相关关系。何德华、韩晓宇、李优柱（2014）基于电子商务消费者行为和我国生鲜农产品电子商务特点，分析发现，产品质量安全、预期和网站信息丰富程度会显著影响消费者购买意愿。

2. 关于农产品网购满意度的研究

王冠宁（2018）通过采用因子分析的方法，构建消费者网购生鲜农产品满意度影响因素模型，认为服务质量因子和生鲜农产品质量因子是影响消费者对生鲜农产品满意度的关键因素。王玉珍（2017）利用SPSS对收集的数据进行处理，并通过因子分析法得出影响消费者满意度的因素，利用回归方程得出研究结论。我国大多数学者认为农产品质量、安全问题、生鲜农产品的特征、营销、物流、服务质量、认知度和消费者自身特征等因素对消费者网上购买农产品具有影响。

（三）研究方法和分析框架

1. 文献分析法

本文首先利用文献分析法，掌握了国内外该领域学者关于网购农产品满意度的研究成果，在系统梳理国内外经验以及总结学者实证研究文献的基础上，分析"多点"发展的现状及存在的问题，探讨现有研究需要进一步深入和完善的地方，为本文的实证研究提供基础和准备。

2. 实地调查法

在研究新零售平台用户网购农产品满意度的过程中，选取有代表性的生鲜垂直电商——"多点"进行调查,通过访谈、调查、参观、体验等形式获取企业发展和消费者满意度的第一手资料,使研究更贴近实际,研究结论科学实用。

3. 本文的分析框架

本文的分析框架如图1所示。

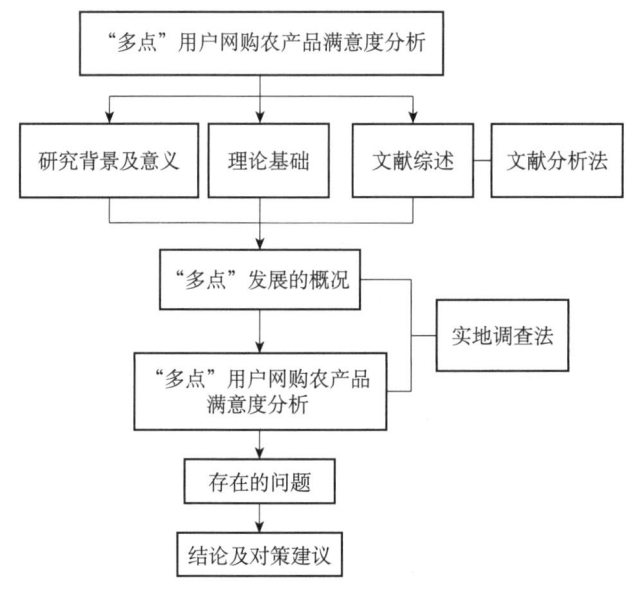

图1 分析框架

二、"多点"平台概况

"多点"是诞生于2015年的一家"线上线下"一体化的全渠道新零售平台。当前,其已为北京、天津、杭州、上海、宁夏等地的4000万名会员提供了购物体验。"多点"利用互联网技术,缩短供应链,与商超进行深度结合,为购物者提供越来越优质的购物体验。与传统的电商相比,"多点"的特点是商品的货源来自附近的超市门店,与当地的大型商超结合,这样可以保证同货同价,同时能够可以实现两小时配送上门的服务效率。"多点"的出现大大提高了线下商超效率,同时改善了用户的购物体验。"多点"超市包含多款生鲜日用品,两小时内送达,而"多点"的全球好物业务包含全球的高档商品,能够做到当日下单次日到达,为购物者提供了高品质、低价格的优质服务。结账方式上,"多点"为了让购物更加省时,推出了"多点"自由购、"多点"自助购、"多点"秒付等方式。

其中,"多点"自由购很好地解决了超市里排队结账的问题。消费者打开"多点"APP,定位所在的超市门店,扫描自己买的商品,进行线上支付,直接走自由购的专属通道,为消费者节省时间。"多点"秒付是在"多点"APP上开通支付宝、微信、银行卡的小额免密支付,在结账时用手机进行扫码支付,不需要输入密码,让消费者享受快捷的支付方式。"多点"自助购是消费者在超市购物完后,在"多点"的自助收银机上用手机对商品进行扫码、付款,完成支付。

三、"多点"用户网购农产品满意度分析

(一) 样本选择和分析方法

本次调查问卷所设计的问题内容包括年龄、性别、收入、购买农产品的

渠道、网购农产品的可能性、品类、原因、考虑的主要因素、信任程度及基本要求等。考虑到消费者接受网购生鲜农产品的程度不同以及网购农产品方式与传统购买农产品方式的差异性，本次调查的理想人群集中在受过高等教育且对网购农产品有一定程度了解的青年群体，主要包括在校教职工以及经常在家做饭的上班族。针对该群体我们设计了关于"多点"用户网购生鲜农产品满意度的调查问卷，本次数据的样本主要通过网络，通过QQ、微信等方式发送给朋友、亲人、陌生人。被调查者年龄层次不一，所在的地区不同，存在文化差异，更重要的是消费水平不一致，就使样本来源更可靠。我们最终收到有效问卷83份。

（二）用户背景特征分析

"多点"用户整体来说女性居多，年龄较轻，五分之三的用户为30岁以下的年轻网民（见图2）。

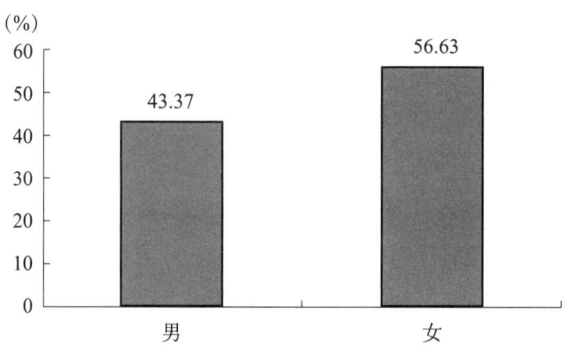

图2　性别分布图

资料来源：实地调查数据。

在被调查的"多点"用户中,一半以上的人月收入在5000元以下,消费能力较低(见图3)。

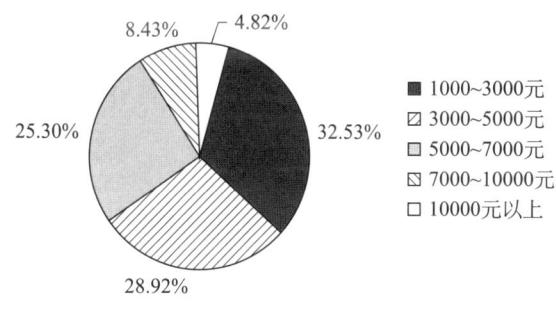

图3 月收入情况图

资料来源:实地调查数据。

在"多点"用户中,六成来自郊区,可见其"在家逛超市"的模式更为方便了郊区居民(见图4)。

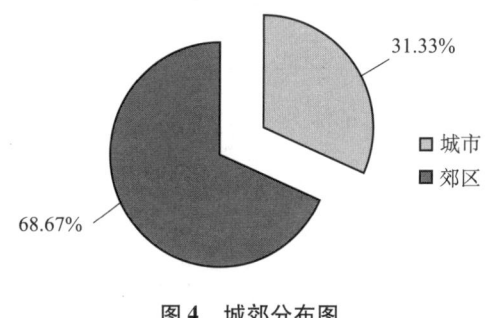

图4 城郊分布图

资料来源:实地调查数据。

(三)用户网购农产品满意度分析

1. 用户网购农产品的意愿比较高

从调查问卷的结果可以看出,64%的用户都是根据自己的喜好选购农产品；60%的用户会通过网上评价选购农产品；41%的用户选购商品会参考朋友的推荐。可见，"多点"用户对网购农产品的主观意愿比较高，而且对在线购买的农产品的满意度也较高。因此，我们可以进一步引导这部分用户了解和熟知网购农产品的优越性并提高网站的服务来扩大市场规模。

2. 用户对在线农产品的新鲜度、品种多样性及产品价格等评价比较高

数据显示，60%的用户认为，"多点"网站中的生鲜农产品品种丰富，能够满足日常生活需要；53%的用户认为，"多点"网站中的农产品色泽鲜亮正常，味道可口；58%的用户表明，生鲜农产品的价格比较合理，能够接受。由此可见，用户对农产品的新鲜度、网购农产品的价格合理性以及农产品的多样性给予了较高的评价。因此，在拓展业务时，商家可以多关注这些方面以便为用户提供更加满意的服务。

3. 用户对"多点"网站的售后服务较为满意

调查数据显示，当交易出现问题时，55%的用户表明，可以及时与客服取得联系；61%的用户对客服的服务态度表示满意；同时，48%的用户指出，网站会主动解决问题，并提供合理赔偿。网购的确具有售后麻烦、质量不稳定等特点，所以使农产品保持高质量、售后及时满足消费者的要求是企业管理及运营的关键所在。

四、新零售平台存在的问题及解决办法

(一) 经营模式方面

"多点"经营模式主要可以分为以下四种:"多点"网上超市、"多点"自由购、"多点"秒付和"多点"自助购。这四种方式都可以节约消费者的时间。但是实际的调查发现,"多点"自助购在节约消费者时间方面有些许欠缺。消费节奏快,越来越多的人购物消费不再依赖现金,刷卡、手机支付越来越受追捧。"多点"自助购虽然也被广泛接受,但在购物高峰期就容易出现自助购机器不够的情况,"多点"自助购结账排长队结账现象明显。

(二) 用户体验方面

调查问卷显示,用户利用"多点"购买生鲜农产品的频率集中在一周购买 1 次 (37.35%) 和一周购买 2~3 次 (32.53%)。被调查的消费者利用"多点"购物的频率较高。

在用户体验方面,最主要的问题是"多点"网上购提供的信息与实际购买到的商品情况不完全相符。在所有被调查消费者中,多数的消费者认为,网站提供的信息健全,能够基本了解自己想要购买商品属性,但有些具体问题模糊不清。在访谈中,信息与实物不符的问题集中体现在水果上,多数都是"水果的新鲜度较差,没有自己去超市挑选的新鲜"。"多点"想要吸引更

多的顾客，仍需要在生鲜食品新鲜程度上下功夫。

（三）物流配送方面

"多点"平台的物流配送比较迅速、准时。但有的时候也会出现食品、食品包装在运输中损坏的现象。消费者不仅要求配送速度，也注重食品的完好程度。所以，易碎的蛋制品、玻璃制品在运输途中需要特别注意。另外，有一些速冻食品应引起重视。比如冰激凌在夏天特别容易融化。"多点"平台可以把这些易化的速冻食品放在铝质袋子里，再放上一些冰块，送到消费者家中再取回袋子和冰块。铝质袋子和冰袋都可以反复利用，这样可以增加很少的成本就能够有效地提高顾客的满意度。

五、对策建议

（一）加强便利化程度，满足消费者购物需求

"多点"顺应人们的生活方式变化，提供了便捷的购物途径，但在系统还未成熟之前仍存在着问题以待改进，如超市购物高峰时"多点"自助购机器前排长队的现象违背了便捷化购物的初衷。增加自助购机器数量分散客流量是其解决的途径之一，增加相应机器数量的同时，也应增加相应数量的购物辅导人员，为自助购机器使用不便的消费者进行使用指导，提高整体购物速度，尽量避免发生排长队现象，进一步为消费者呈现便利的购物环境。

（二）完善产品信息，避免信息不对称现象

从利用"多点"购物的高频率可以看出，消费者对"多点"平台购物的评价是积极的，但是仍有用户认为"多点"平台存在信息模糊、不对称等现象：用户下单后接到客服电话告知某商品缺货，延长购物时间，消耗用户的时间，收到的生鲜食品并不像超市挑选的一般新鲜。长此以往的信息不对称现象极易导致客户群大量流失。当前的首要举措是完善产品信息，做到线上线下产品信息对称，为消费者关心的产品提供更加翔实的信息，保质保量，让用户放心购买。

（三）提高物流技术水平，保证产品质量

消费者对于"多点"平台的物流配送速度评价较高，但对物流配送中产品的保护存在不满，尤其是易碎、易腐烂等需要特殊条件存放的商品，提高物流技术水平，保证产品新鲜、完好的送到用户手中是目前"多点"在物流配送方面应解决的问题。对长途的物流配送，冷链等技术会极大增加运输成本，但对于就近配送的"多点"而言，成本并不会大幅度增加。运送易碎商品时，应多采取防震防摔的保护措施，避免商品受到碰撞发生变形、破碎。对存放温度有着极高要求的商品，应注重运输中商品周围温度的控制，小型商品可采用冰袋进行恒温运输，大型商品可采用冷冻保温箱来进行保温，切实保证产品新鲜可口的送到用户手中。

参考文献

[1] 祝君红,朱立伟,黄新飞. 基于 SEM 的生鲜农产品网购意愿影响因素实证研究[J]. 吉林工商学院学报,2017,33(3):35-40.

[2] 王玉珍,徐小云. 消费者网购生鲜农产品满意度的影响因素分析[J]. 应用泛函分析学报,2017,19(3):323-329.

[3] 蔡德全. 基于 TAM 的网购满意度模型构建和实证研究[D]. 哈尔滨工业大学,2015.

[4 王文秀. 基于 ANP 和 Fuzzy 方法的 B2C 平台顾客网购满意度综合评价研究[D]. 安徽理工大学,2017.

[5] 谢名良. 消费者视角下生鲜农产品网购意愿及影响因素分析[D]. 福建农林大学,2016.

[6] 超市 O2O 欲甩搬运工角色多点小 e 到家纷转型[EB/OL].(2015.11.03). http://www.linkshop.com.cn/web/archives/2015/336642.shtml?sf=wd_search.

[7] 中国生鲜电商发展现状以及趋势梳理[EB/OL].(2015.07.21). http://news.sohu.com/20150721/n417225453.shtml.

[8] 互联网+时代来临,传统商超如何拥抱互联网?[EB/OL].(2015.11.30). http://www.ikanchai.com/2015/1130/39557.shtml.

北京市昌平区十三陵镇农民增收状况与增收路径选择

陈吉铭　郭世娟　何向育　栗卫清　高运安

一、研究背景

2016年，北京市出台《关于进一步推进低收入农户增收及低收入村发展的意见》，以2015年家庭人均可支配收入低于11160元为基本标准，将符合条件的农户认定为低收入农户；将低收入农户数量超过本村农户总数的50%并达到一定规模、村庄基础设施建设和社会事业发展相对滞后、村集体经济较为薄弱的行政村认定为低收入村。虽然北京市的经济发展在全国一直处于领先地位，但截至2017年底，北京市认定的低收入村仍有234个，低收入农户7.06万户、15.15万人，分布在全市9个区。其中昌平区低收入村共25个，十三陵镇有11个，分别为永陵村、庆陵村、大岭沟村、景陵村、老君堂村、石头园村、锥石口村、泰陵村、长陵村、上口村、燕子口村，占昌平区低收入村总量的近50%，"脱低"任务较为艰巨。因此，了解十三陵镇农民的增收状况与探究农民增收路径有较为重要的意义。

二、研究意义和目标

（一）研究意义

北京是京津冀农业发展的示范区。北京农业发展对于全国农业发展具有示范和带动作用。基于党中央提出的到 2020 年建成全面小康社会的大时代背景，把研究聚焦于京郊这一具有首都农业示范功能的区域，以昌平区十三陵镇为例，致力于农民收入稳定增长路径的研究，对于打造都市型现代农业，推进城镇化建设，无疑具有重要的现实意义和实践价值。

（二）研究目标

本文的研究目标是：以农业供给侧改革为时代背景，结合前人研究和实地调查，从历史变迁的角度，对北京市十三陵镇农民收入结构情况做出判断，分析不同时期农民收入产生差异的原因，并对未来发展作出展望。因此，本文通过实地调查及问卷调查，结合供给侧结构改革和全域旅游的新机遇，对该地区农民所处的地理优势及文化优势作出阐述，并针对其优势对北京十三陵镇农民增收路径提出建议。

三、十三陵镇基本情况

（一）基本情况

十三陵镇位于北京市昌平区西北部，东西北三面环山，山地面积约占53%，中部为平原，属于半山区镇。十三陵镇距北京城区35公里，距昌平城区约6公里，地理位置优越。十三陵镇辖38个村和2个社区，镇域面积157.03平方公里，常住人口约26685人，户籍人口25112人，户数9555户。

十三陵镇既有丘陵及冲积平原又有浅山区、深山区，海拔高度70~900米，地势西北高，东南低，属于温带半湿润气候，夏季炎热多雨，冬季寒冷干燥多风，年内降雨量分布不均，主要集中在7~9月，年降水量平均600~700毫米。镇域内多年平均气温为11℃左右，无霜期200天左右。全镇森林覆盖率40.89%，林木绿化率67.13%，环境优美，空气清新，是北京地区生态屏障的重要组成部分。

（二）资源环境概况

1. 旅游资源

十三陵镇的历史文化旅游资源和山水生态旅游资源丰富，自然风光优美。十三陵镇镇域旅游资源有：十三陵神路、长陵、定陵、思陵、蟒山国家森林公园、十三陵水库、天池、沟崖自然风景区、碓臼峪自然风景区等旅游景点；有国际高尔夫俱乐部、顺峰高尔夫俱乐部、雪世界滑雪场、奥林狩猎场等休闲场所；有军都旅游度假村、大富豪宾馆、石油疗养院、电信培训中心等住宿场所；涧头太平子弟高跷等非物质文化遗产。镇域周边有铁壁银山、居庸关长城、虎峪自然风景区、白羊沟等丰富的旅游资源，带动了乡村旅游产业的发展。十三陵镇的人文景观、自然景观和生态休闲旅游景观，彰显出十三陵镇文化之厚重和山水之魅力，是北京市极富开发潜力和发展前景的重要旅游集散地，丰富的历史文化旅游资源和山水生态旅游资源为十三陵镇旅游事业的发展奠定了雄厚的资源基础。

2. 水土资源

十三陵镇水资源比较丰富，境内河流水系主要有十三陵水库、东沙河及德胜口水库。东沙河源于延庆县西二道河山区，上游有德胜口沟，由十三陵七孔桥上游进入十三陵水库。十三陵水库为中型水库，库容为8110万立方米，常水位90.9米，水面面积达3.2平方公里。德胜口水库为镇管水库。

十三陵镇土地资源短缺，人地矛盾比较明显，大部分区域位于明十三陵世界文化遗产保护区范围内，出于对地区生态环境的保护，这些土地是禁止开发或限制开发的，给十三陵镇的开发建设提出了更高的要求和严格的限制。如何在现有土地资源约束的情况下发展，是十三陵镇经济发展的关键所在。

四、十三陵镇农民增收机制和模式选择

(一) 当前农民增收局限性

1. 农村人力资源不足

首先，十三陵镇农村经济自主发展缺少一批既具备现代观念和经济管理理论及能力又了解农村实际的带头人，进行农民和农村产业的组织推动工作。

其次，农村劳动力的整体素质与新农村产业发展、调整升级的要求存在较大差距，发展都市型现代农业和劳动力向非农产业转移都对农民的思想观念、文化知识、技术技能水平、职业素质等有较高要求，农民整体素质在很大程度上直接影响农村二、三产业的竞争力。农村从业人员文化水平低，农村干部群众对新农村建设的认识存在偏差，对自身主体地位认识不足以及在产业发展中的合作意识薄弱等观念问题、对新农村产业发展构成了现实的障碍。

最后，基层农村生产特别是农业生产领域实用技术指导人员缺乏，农民难以承担调整生产的技术风险，也影响农业生产的调整升级。

2. 体制栓结依然存在

在十三陵镇，城乡二元体制尚未从根本上被打破，城市带动和支持农村的机制尚未完全建立，尚未建立起公平合理的财政转移支付体系，城市资源向农村的流动缺乏有效的制度化服务体系和服务平台，制约着政府、集体、

农民和全社会形成合力推进郊区农业发展的进程。

不能有效促进集体土地流转利用是当前农村吸引投资和产业落户最强烈的制约因素，是基层农村产业发展中普遍面临的问题，也是农村产业发展中难以突破的瓶颈。按照现行法律规定，村集体经济组织只拥有土地的使用权，而没有合法的租让权、交易权和抵押权，村集体对于集体建设用地没有收益和处置的权利，外来投资者的权益无法得到有效保证，对外来投资的引进构成了极大的障碍。

3. 农业现代化社会服务体系不健全

在二元经济结构下，城市能够得到大部分公共财政的支持，而对农村的公共财政支持却一直偏少，因此农村曾经建立了乡镇财政自筹制度来平衡乡镇利益。然而，由于乡镇财政自筹制度存在财权与事权的不对称等自身缺陷，仍然无法有效减轻农民负担。实行农村经济体制改革以来，在财政状况逐渐好转的基础上，虽然农村经济和社会各项事业有了长足发展，但与农村发展的实际需要依然存在相当差距。农村教育、医疗卫生、基础设施建设和社会保障等公共产品的供给，仍然落后于城市。在社会福利方面，城乡居民一直存在较大差距。

（二）农民增收的机制

1. 农民增收机制的概念界定

"机制"一词，具有多重含义。在物理学中，机制是指机械的构造和工作原理。在生物学中,机制是指有机体的构造、功能和相互关系。在通常情况下,机制泛指一个复杂的工作系统中各个要素相互影响、相互联系、相互制约所形成的整体机能、运行秩序。另有观点认为,机制是指做事的方式方法,或是制度加方法,或是制度化了的方法。所谓建立农民增收机制,就是要着眼长远,寻求一个能够有效解决农民稳定增收问题的工作系统,使该工作系统中的各个要素(如政策措施、法律法规等)充分发挥作用,形成相互联系、相互促进的整体机能和运行秩序。

2. 十三陵镇农民增收机制的选择

(1)企业带动。企业是市场中一个不可或缺的角色,在企业与农民的关系中,二者分别扮演着带动者与被带动者的角色。企业相对于农民拥有着农民所没有的资源,企业拥有着充裕的资金、广阔的市场,更加先进的科学技术、丰富的对所有资产和下属员工的管理经验以及更加开放的企业文化,这些都是个体农民所没有的优势。企业的劣势也非常明显,那就是他们需要农民的生产资源——土地和农民所提供的劳动力。尤其是农业企业是离不开农民的,因此他们需要与农民合作才能最有效地带动农民增收。农民的优势是拥有土地和劳动力,而他们的劣势也十分明显。农民相对于企业来说,处于一个相对闭塞的环境中,除了土地和村民,他们较少接触到外界的最新信息,同时农民的文化水平普遍不高,接受新鲜事物的能力差。因此需要企业来带动农民。

在企业与农民两者的带动关系中,资金占有最重要的地位,两者的一切合作关系都是通过资金这个要素来展开的。企业是以盈利为目的的而非是慈善机构,企业一切帮助农民的行为都是为了获利。企业把自己的资金、市场、科学技术和管理经验提供给农民,可以让农民有更加先进的技术去经营自己的土地、有资金去完善自身的基础设施、有更大的市场出产商品以及有更强的力量去抵御市场风险。

企业提供了资金,但是并非是直接把钱交给农民手里,可能是通过政府的一些政策或者是通过政府发放,还有可能是企业与当地农村经济组织或合作社合作,然后把资金分配到农民的手里。在市场这方面,企业可以与当地的农民合作社、种养大户、家庭农场合作,通过合同制将两者联系在一起。企业是不能做到和每个农民合作的,这样就浪费了大量的时间和成本。因此,与这些当地经济组织合作大大提高了效率。

(2)政府带动。从政府的角度来看,颁布政策能扶持农民和增加农民收入。政府能发挥的只有指导性作用,其决定性作用的主体还是市场。比如,政府可以通过颁布相关金融政策,发展农村金融。许多农民是有发展经济的想法的,但是苦于没有资金的支持。这时候,政府可以考虑对农民发放小额信贷,农民借了政府的贷款自然就有了起步资金,进而发展农村经济,促进农民增收。

政府还可以搭建平台,比如园博园和葡萄酒大会,这些都是政府搭建的促进企业和农民交流的平台。政府通过搭建这个平台,促进了企业和农民两者之间的交流,农民在平台里提供最好的农产品,展现自身的生产实力,而企业也可以从中挑选适合自己技术和企业理念的农户进行合作。除了实际的平台,政府还可以构建网络平台,其中最普遍的是土地流转平台。农民的收入来源主要分为四个方面:工资性收入、家庭经营性收入、财产性收入和转移性收入。现代农民多外出打工以取得工资性收入养家糊口,农民通过土地流转平台将不需要的土地流转给企业也是增加农民收入的一个途径。在这个平台上,政府不插手任何企业和农民的交易,只负责监督过程。

(3)科技带动。科技带动农民增收指的是一些科研和研究机构与农民进行合作,以此来促进农民增收。一方面,科研机构拥有先进的科学技术,却苦于没有地方推广自己的新技术、得不到新技术的反馈信息,而与农民的互助合作恰恰可以弥补这一点。科研机构需要寻找愿意接受自己先进技术的农民合作,把与农民的合作作为自己的实验基地,把农民纳入实验体系里,作为连接农民和科研机构的方式。这些新的技术和农业品种可以切实提高农作物的产量,从而促进农民增收。科研机构还可以直接和当地的合作社合作。合作社的视野更加开阔,科研机构把新的技术交给合作社,合作社再把这些技术交给农民,这样节省了机构寻找愿意合作农民的时间,且交涉更加通畅。不只是科研机构,一些农业院校也是科技带动的重要主体。可农民已经拓展了眼界和知识文化,但是缺少经验,他们很容易接受新技术。包括农业院校在内的一些机构可以为农民举办公益性的知识讲座,帮助农民增收。

(三)十三陵镇农民增收可采取的模式

1. 农业资源循环型家庭模式

目前,农业仍以小规模、分散化的家庭经营为主体,家庭式循环农业模式把生态学、生态经济学等基本原理应用在村镇庭院的种植、养殖、加工、住宅建筑、园林化等多种产业,有机结合成不同循环类型的都市农业生态系统,因此,家庭型循环都市农业对于提高家庭经济的运行效率来说是一种长效机制。

2. 农业资源循环型企业模式

在城市近郊,根据农业生态产业链建立的农业资源循环型企业,能够以产业经营带动企业经营。农业生态产业链（体系）是在生态种植业、生态林业、生态渔业、生态牧业及其延伸的生态型农产品生产加工业、农产品贸易与服务业、农产品消费领域之间，通过废物交换、循环利用、要素耦合和产业生态链等方式形成网状的相互依存、密切联系、协同作用的生态产业体系（链网）。在农业生态产业链中，各产业部门之间，在质上为相互依存、相互制约的关系，在量上是按一定比例组成的有机体、相互间构成横向耦合的关系并在一定程度上形成网状结构。这种方式和模式应该运用于十三陵镇的农业产业发展。

3. 生态农业园区模式

生态农业园区是依据循环经济理论和农业生态学原理设计的新型农业组织形态。其目标应是尽量减少废弃物，将园区内某种农业或企业产生的副产品用作另一种农业或企业的投入或硬指标料，通过废弃物交换、循环利用、清洁生产等手段，最终实现园区的清洁无污染。十三陵镇建设生态农业园区，必须运用循环经济理念和农业生态的原理，探索经济发展与资源环境的深层次矛盾，因地制宜，强化区域内农业之间的内在联系，补充和完善现有区域生态功能。

4. 特色生态农业经营模式

所谓特色生态农业，即以市场为导向，以效益为中心，借助科技创新和资源异质化，在推动主导产业标新立异和品牌产品系列化的过程中实现高持续发展的新型农业运作模式。这种模式是农业市场化的必然选择。这就要求十三陵镇以科技进步和强化管理为手段，以综合开发、基地建设为措施，以集约化、基地化和规模经营为方向,以发展"特色"为突破口,面向工业、面向外贸、面向城乡市场,结合发挥城市生态农业双层经营的机制优势,发展高产、优质、特色、高效农业。

5. 资源、能源综合利用模式

这种模式是较为常用的农业生产方式,在实践中已经得到广泛应用。我国北方已经形成了以地膜覆盖为重要内容的"旱作农业和塑料大棚+养猪+厕所+沼气"四位一体的生态农业模式,并取得了明显的效果。在一块土地上实现了产气、积肥同步,种植、养殖并举,建立起了生物种群多、食物链结构较长、物质能量循环较快的生态系统,达到农业清洁生产、农产品无害化,经济效益和生态效益非常可观。例如,"猪—沼—果"模式,以养殖业为龙头,以沼气建设为中心,带动粮食、甘蔗、烟叶、果业、渔业等产业,广泛地开展农业生物综合利用,利用人畜粪便入池产生的沼气作燃料和照明用能源,利用沼渣和沼液种果、养鱼、喂猪、种菜,多层次利用和开发自然资源,既提高经济效益,又改善生态环境、增加农民收入。十三陵镇可以采用其中的生产逻辑,在本地的农业产业发展中充分利用各种资源和能源,帮助农民节支增收,实现更好的经济效益。

五、十三陵镇农民收入水平以及结构分析

(一) 十三陵镇农民收入水平以及结构描述统计

农民的收入既受到历史因素、自然条件因素的制约,也受到社会因

素、政策因素、市场因素、科技因素及农民自身因素等的制约。分析、揭示这些因素，对于提高农民收入具有重要作用。本章基于问卷调查数据，力图从微观视角探寻十三陵镇农民增收的主要影响因素，并对其进行分析。

1. 数据来源及样本特征描述

2017年7—9月，北京农学院2015级农业经济管理学术班团队成员前往十三陵镇进行实地调查，调查采用随机抽样的方式。在调查过程中，团队成员针对180名游客和景区工作人员进行了随机访谈和问卷调查，获得有效问卷168份。

2. 样本特征

168户农户中，在农民群体中，最小年龄的为28岁，最大年龄的为68岁，平均年龄为48.4岁，66.5%的农民年龄在41～50岁。农民平均受教育时间为4.06年，最高12年，最低0年。7%的农民受教育时间在6年以下。农户户均劳动力数量为2.94人，最多的有劳动力5人，最少1人，67.7%的农户家庭劳动力为3人（含3人）以上（见表1）。由此可见，当前十三陵镇农户农民文化水平偏低，大多数只有小学以下文化水平；农户家庭劳动为整体文化素质也不高，普遍在初中以下文化水平；十三陵镇农户家庭劳动力数量较多，耕地面积偏少，同时拥有较多的林地。由于长期以来采用传统的农业生产模式，农业产出不高，再加上林地补偿过低及劳动为总体素质偏低、劳动力转移困难，十三陵镇农户家庭收入普遍不高。

表1　　　　　　　　　　　　被调查农户基本情况

	年龄（岁）	教育时间（年）	劳动力（人）	家庭年收入水平（元）
最大值	68	12	5	35000.00
最小值	28	0	1	3500.00
均值	48.4	4.06	2.94	7656.80

（二）十三陵镇农民收入的影响因素

1. 农户自身因素

农民对农业生产经营决策和把握机会方面具有显著的影响，往往农民的决策就是农户最终的选择（张德华等，2012）。所以，农民自身情况的好坏对十三陵镇农民收入的影响是可预见的。农民自身因素主要包括农民的年龄、学历。年龄的增长会对农户技术学习和创新精神有负面影响，制约农民家庭增收。农民学历直接影响农户生产决策、技术学习和把握市场机会的能力，以至于影响农户家庭增收。

根据168户调查样本的统计，平均年龄为30岁（包括30岁）以下的农户有22户，占样本总体的13.1%；31～40岁的有33户，占样本总体的19.64%；41～50岁的有42户，占样本总体的25%；51～60岁的有68户，占样本总体的40.48%，60岁以上有3户，占比1.79%。调查数据显示，平均年龄为31～40岁的农民家庭平均收入最高，达到24341.46元，平均年龄在30岁以下的农户家庭平均收入次之，为16213.62元，平均年龄在60岁以上的农户家庭平均收入最低，为3214.08元。可见，随着农户年龄的增长，其收入呈下降趋势。农民年龄与收入情况见表2。

表2　　　　　　　　　　　农户年龄及收入情况

年龄（岁）	数量（户）	占比（%）	年收入均值（元）
30以下	22	13.10	16213.62
31~40	33	19.64	24341.46
41~50	42	25.00	11488.67
51~60	68	40.48	5459.41
60以上	3	1.79	3214.08

在文化程度方面，未上过学的有8户，占样本总体的4.76%；小学文化程度的有56户，占样本总体的33.33%；初中文化程度的有46户，占样本总体的27.38%；高中或中专文化程度的有43户，占样本总体的25.6%。可见，目前十三陵镇农户在家从事农业生产活动的农户文化程度较低。调查结果显示，农民文化程度为文盲的农户家庭收入最低，平均收入为2634.24元，其次为小学和初中文化程度农民家庭，分别为4734.56元和16325.86元，农民文化程度为大专或大学的农户家庭收入最高，平均收入为34214.75元（见表3）。可见，农户农民文化程度与家庭平均收入正相关。

表3　　　　　　　　　　　农户学历及收入情况

文化程度	样本数量（户）	百分比（%）	年平均收入（元）
未受过教育	8	4.76	2634.24
小学及以下	56	33.33	4734.56
初中	46	27.38	16325.86
高中或中专	43	25.60	25236.35
大专或大学	15	8.93	34214.75

在劳动力方面，一般意义上，家庭劳动力人数越多，说明农户的人力资源越丰富，农户能较快地完成家庭经营，从而获得更多转移就业机会，促进农民收入水平提高。家庭劳动力数量为1的占25户，平均收入水平最低。家

庭劳动力数量为3的占比最多，年均收入水平也较高，家庭劳动力数量与收入水平之间存在正相关关系。详见表4。

表4　　　　　　　　　　家庭劳动力数量与收入水平

家庭劳动力数量	样本数量（户）	百分比（%）	年平均收入（元）
1人	25	14.88	3452.12
2人	45	26.79	10556.12
3人	54	32.14	32156.25
4人	34	20.24	23487.23
5人	10	5.95	25457.43

2. 收入结构

十三陵镇是历史古迹旅游区，当地农民收入来源包括农业种植、外出务工、旅游、手工业、单位工资等几个方面。表5显示了收入结构与收入水平的关系，研究小组调查得到：主要依靠农业作为收入来源的农户占调查者的38.1%，比重最大，但是年均收入水平最低；而依靠旅游业作为收入来源的农民占比25%，但是年均收入水平最高。可以看出，收入结构与收入水平之间存在一定的相关关系。

表5　　　　　　　　　　农民收入来源结构与收入水平

主要来源	样本数量（户）	百分比（%）	年平均收入（%）
农业	64	38.10	6423.34
外出务工	22	13.10	18535.29
旅游业	42	25.00	29216.54
手工业制作	14	8.33	8432.64
单位工资	26	15.48	7654.35

3. 政府行为

政府政策实施对农民增收来说是至关重要的。众所周知，政府是农民获得生态补偿和农业补贴的提供者，政府是否提供生态补偿以及提供补偿的标准对农民收入具有显著的影响。在调查中，研究团队也研究了政府作为中对农民收入产生影响的相关措施，以期了解哪些政策或措施对农民收入水平的提升具有更好的影响。表6显示，被调查者认为补贴等措施切实提升农民收入水平的占比37.5%，并不是很高；认为调控流通机制措施有效的占比20.83%，对应年收入水平较高。这一结果显示，政府间接参与调控对农户收入水平具有较好的促进作用。

表6　　　　　　　　　政府作为与收入水平

行为措施	样本数量（户）	百分比（%）	年平均收入（元）
扩大农产品销售渠道	46	27.38	16523.23
市场调控	24	14.29	6356.25
调控流通机制	35	20.83	24506.35
补贴等其他措施	63	37.50	9342.05

（三）十三陵镇农民增收影响因素实证分析

1. 建立多元线性回归模型

本研究采用多重线性回归模型进行分析，模型的具体形式如下。

Y 表示农户收入，C 为常数项，β_i 是对应变量的回归系数，X_i 是所对模型应的变量，ε 是随机扰动项，i 的取值范围为 1~168。

2. 变量选择

本研究的研究对象是十三陵镇农民。受地理位置和保护政策影响，种植业、旅游副业、打工收入是该区域农民收入的主要来源。考虑到对生产要素和人力资本的投资等因素在农民增收中的关键作用，本研究选取农民年龄、农民受教育程度、劳动力数量、收入来源、政府行为作为影响因素。详见表7。

表7　　　　　　　　　　模型变量定义及预测方向

变量	定义	预期方向
X1（年龄）	具体数值（岁）	-
X2（受教育年限）	具体数值（年）	+
X3（劳动力数量）	具体数值（人）	+
X4（收入来源）	1 = 农业 2 = 外出务工 3 = 单位工资 4 = 手工业制作 5 = 旅游业	?
X5（政府作为）	1 = 扩大农产品销售渠道 2 = 调控流通机制 3 = 市场调控 4 = 补贴等其他措施	?

3. 结果分析

我们利用SPSS软件对选取的数据进行相关分析和多元线性回归分析。相关分析的结果见表8。

表8　　　　　　　　　　　　模型回归结果

变量	系数	标准误	t值	p值
常数	4.3245	0.0032	3.2347	0.0231
X1（年龄）	0.1243	0.0063	2.3476	0.6012
X2（受教育年限）	0.0824	0.0087	3.4532	0.0052
X3（劳动力数量）	0.2345	0.0128	4.2346	0.0002
X4（收入来源）	0.3212	0.0235	6.4522	0.3223
X5（政府作为）	-0.0235	0.0105	-2.5234	0.0712

表8显示了农户收入水平的影响因素，其中年龄因素未通过检验。其原因在于收入水平的高低可能更与个人技术水平、社会经验或者其他个人特征有关。

（1）受教育年限。受教育程度与农民收入水平成正相关，这是因为，受教育程度很大程度上影响了个人的认知和就业创富能力。受教育年份越多，农民在资源利用和收入路径上会有更多的方法和能力。

（2）劳动力数量。劳动力数量与农民收入水平正相关，原因在于家庭劳动力人数越多，意味着农户的人力资源越丰富，农户能较快地完成家庭经营，从而获得更多转移就业机会，进而提高收入水平。

（3）收入来源。收入来源未通过检验，原因在于这几项分类并未很好地概括农户收入结构，有待改进。但表5数据显示了十三陵镇旅游产业对于带动当地农户收入水平提高具有显著作用。

（4）政府作为。政府作为对于收入水平呈负相关，与之前猜想一致，即政府直接参与农户或市场经营活动对于提高收入水平具有负面影响。

六、北京市十三陵镇农民增收路径选择的对策建议

(一) 制订规划

研究表明，规划的制订应根据十三陵镇农业自然资源、农耕文化、农业生产条件和季节特点，充分考虑目标市场的特点和交通运输条件，做到因时、因地制宜，从"土"字上出发，在"新"字上做功夫，突出农业旅游的鲜明特色，在自然资源基础上，充分体现民风民俗，发挥本地区的资源特色和文化内涵。

观光休闲农业项目的经营者是个体或集体，受自身条件和能力的限制，缺乏科学的规划，缺乏对地理位置、自身资源、市场需求、基础设施与环境承载力等的评估。农户更重视实用性，重模仿、少创新，导致很多项目仓促上马，设施简陋，人员配备不齐，服务质量较差。所以，观光农业项目的落实需要做好统筹规划，要引导观光农业有序发展，发展个性化做法，要以当地农业资源为基础，有机结合自然景观、乡土民情。

(二) 乡村旅游

十三陵镇乡村旅游业应充分利用现有的旅游景区、景点，使之与观光农业项目组合成适销对路的产品，以原旅游项目带动观光农业项目。十三陵镇具有得天独厚的旅游资源，在其周围发展观光农业，可以延长游客在本地的

停留时间，从而增加农民收入，带动周边农村地区的发展。

观光农业的任何发展模式，都必须保护耕地、保护环境保护文化。观光农业从业者要树立科学的发展观，不能走"先破坏、后治理"的老路，要维护好本地区的生态环境，保护好传统文化。观光农业的发展既依赖于生态环境，又会给脆弱的农业生态环境带来负面的影响，所以开展观光农业项目还要正确处理与生态环境可持续发展的关系。在建设观光农业基础设施和服务设施时，从业者应避免和减少对自然环境的破坏，避免城市的一些生活垃圾、环境压力和文化垃圾转移到农村。

（三）政府支持

当地政府应加强资金的筹措、土地的规划、税收优惠、道路通信建设、水电供应建设等扶持政策，促进十三陵镇观光农业的发展和壮大。观光农业的发展受到农户自身资金的限制，起点低、规模小、散布广，因此必须走集约化道路，在经营方式方面广泛发动和吸收社会上的各种投资参与兴办观光农业项目，实施"公司＋市民＋农户"的产业化运作模式，借助大型公司的雄厚实力，解决资金短缺的问题。

此外，政府还需要进行科学的管理。一直从事于传统生产的农民缺乏必要的认识能力和经营能力。因而，政府应进行培训，提高农民的经营能力。

北京市昌平区小汤山镇有机肥使用情况调查

孔阿飞　王彩　黄撷羽　李潇　刘树晨　田明　武健　李春乔

一、引言

（一）研究背景

在20世纪50年代以前，我国几乎全部通过施用有机肥来维持传统的农业生产。20世纪90年代以后，随着我国人口的快速增加，仅仅依靠有机肥进行农业生产，产量不足以满足人们对食物不断增长的需求，我国化学肥料施用量快速增长。化肥的施用对解决全国人民的吃饭问题做出了很大贡献，但是长期并且过量地施用化肥破坏了土壤原有的平衡，造成了土壤板结，污染了环境。2010年2月全国第一次污染源普查公报显示，在全国主要污染物排放总量中，化学需氧量为3028.96万吨，总磷为42.32万吨，总氮为472.89万吨；这三个指标中，农业污染源分别占全国总量的43.7%、67.3%和57.2%。农业源污染在环境污染中所占的比重非常大，已经占到了全国的"半壁江山"。

近些年来，随着我国经济的发展，人民生活水平有了很大的提高，很多人对农产品特别是粮食和蔬菜的质量安全要求逐步提高。施用有机肥种植的农产品品质好已成为一个公认的事实，有机肥的生产与施用引起各方的高度关注。各地相继制定了相关政策法规，促进了商品有机肥生产与应用。

（二）研究意义

有机肥料在现今的农业生产当中的重要性越来越突出，它含有大量的氨基酸及有机质等物质以及植物生长所需的氮、磷、钾等养分，能够很好地改善土壤理化性状，提高土壤连续生产能力。增加有机肥的使用符合2017年中央一号文件化肥"零增长"的具体要求，而且对环境保护、居民饮食健康和绿色农业的发展具有重要意义。

对北京市昌平区小汤山镇农户对有机肥的使用情况、使用效果进行调查可以切实了解半年以来地方、农户对于中央要求的贯彻情况，对今后政策的优化、农户对有机肥使用的调整、绿色农业的发展等具有明显的现实意义。

（三）国内外研究现状

1. 关于有机肥种类及特点的研究

国内很多学者对有机肥种类及其特点进行了研究。张艳洁、耿文（2013）介绍了有机肥料的种类及肥效特点，并论述了有机肥料在农业生产中的作用，以期重视有机肥料应用，增加有机肥的投入，推动农业生产的可持续发展。周博、高佳佳等（2012）对不同种类有机肥碳、氮矿化的特性展开研究，其研究结果表明：不同有机肥碳、氮的矿化量和矿化率的动态变化存在明显差异，同一种类有机肥，培养期间其碳、氮矿化累积量及矿化率也存在明显差异。供试有机肥碳、氮的矿化量与有机肥全氮含量均呈线性关系，表明有机肥氮含量是影响矿化量的主导因子。李泉（2010）提出，有机肥是我国农业生产中非常重要的肥料，其来源也十分广泛。他分析了城市和农村有机肥主要来源的优缺点，提出了根据不同来源有机肥的不同特点，改善其生产工艺，达到资源化、无害化和肥效高的目的，使其达到商品化的要求。

2. 关于有机肥使用情况的研究

从农业生产中获得的秸秆、饼粕以及牲畜、家禽的粪便等有机肥料，经过秸秆还田、粪便发酵等辅助措施后，施用于田地中，能起到提高土壤肥力的作用。杨桂杰（2013）提出，在传统的农业生产中，由于受到经济条件等的限制，有机肥是确保农业稳产稳收的重要因素。但是近些年来，有机肥在肥料中的应用比例急剧减少，这严重影响了农业的产量和质量。为此，他主要从我国有机肥的使用现状、我国有机肥施用量下降的原因、我国有机肥的发展前景三个方面进行论述，希望相关人员加强对有机肥的关注并对其进行适当的开发利用。侯福琴、陈玲等（2013）认为，有机肥的推广使用是加强生态文明建设的需要，是实现农业可持续发展和保障农产品安全的需要。他们主要对有机肥在新疆生产建设兵团团场的使用现状及发展前景进行分析，认为兵团团场的牲畜粪便等有机肥资源稳定，且有机肥总量可逐步替代化肥使用总量。为实现农业部部署的"2020年化肥使用总量零增长行动"的目标,势必要加快化肥行业的转型升级,同时兵团团场的有机肥业面临前所未有的发展机遇。王鲁敬(2014)主要对新疆北疆地区有机肥的施用现状及前景展开分析,他提出,北疆地区具有丰富的有机肥资源,但由于施用方式不当,浪费严重,引起诸多环境问题。他调查统计了北疆地区有机肥资源的总量,研究有机肥在实际生产应用过程中出现的问题,对更好发挥有机肥优势、促进有机肥产业发展具有重要的意义。

3. 关于有机肥使用效果的研究

有机肥在我国农业生产中始终发挥着重要的作用。近年来,我国的很多学者对有机肥的使用效果进行了分析。马雪莲(2013)提出,作物秸秆含有丰富的有机碳和植物养分,可广泛用于生物能源生产和土壤肥力改良,但我国田间焚烧和随意处置秸秆的问题十分普遍,不仅是对秸秆资源的浪费,而且造成严重的环境污染。马雪莲认为,研究秸秆降解菌强化的生物有机肥,对于有效利用秸秆资源具有重要的意义。马雪莲从土壤等环境样品中分离获得高效秸秆降解菌株、通过两季盆栽试验探索秸秆降解菌株强化的生物有机肥对水稻生长和土壤中小麦秸秆原位分解的影响。丁哲利、韩丽娜等(2016)分析了香蕉茎秆有机肥对大白菜生长的影响,利用香蕉茎秆制备成品有机肥,通过小区试验比较普通商品有机肥和香蕉茎秆有机肥做底肥施用对大白菜生长的影响,并对其经济效益进行评价。黄卫红、陈永斌(2008)对商品有机肥在水稻上的使用效果进行技术研究,为使商品有机肥在水稻上得到进一步推广应用,他对商品有机肥在水稻上的最佳使用量和使用方法进行了试验研究。

综上所述,国内学者对于有机肥的研究主要集中在其种类及特点、使用情况和使用效果等方面。有机肥可以改良土壤、培肥地力；增加产量、提高品质；对于环境保护、提升农产品质量、发展绿色农业等意义重大。本研究积极响应中央一号文件的号召，对北京市昌平区小汤山有机肥的使用情况展开调查研究，整体把握该地区有机肥的使用情况，并结合当地实际，提出相应的对策建议。

（四）研究内容

为实现本文的研究目标，本文的研究内容由6个部分组成。

第一部分：引言。主要提出本研究的研究对象、研究背景与意义、国内外研究现状、技术路线和研究框架等。第二部分：北京市有机肥基本情况介绍，主要包括有机肥与化肥的介绍和国家对有机肥使用的相关政策介绍。第三部分：小汤山镇简介。先对小汤山镇自然条件进行简单的介绍，再对小汤山镇耕种情况进行分析。第四部分：小汤山镇有机肥使用情况，研究农户有机肥施用量的情况，进而为后面的利用效果做铺垫。第五部分：小汤山镇有机肥利用效果，主要是对农家肥、秸秆肥和绿肥的使用效果进行分析。第六部分：调查结论与展望，总结前文研究分析所得出的结论，并从多个角度概括了鼓励农户施用有机肥的政策措施。

（五）研究思路

本文的研究思路如图1所示。

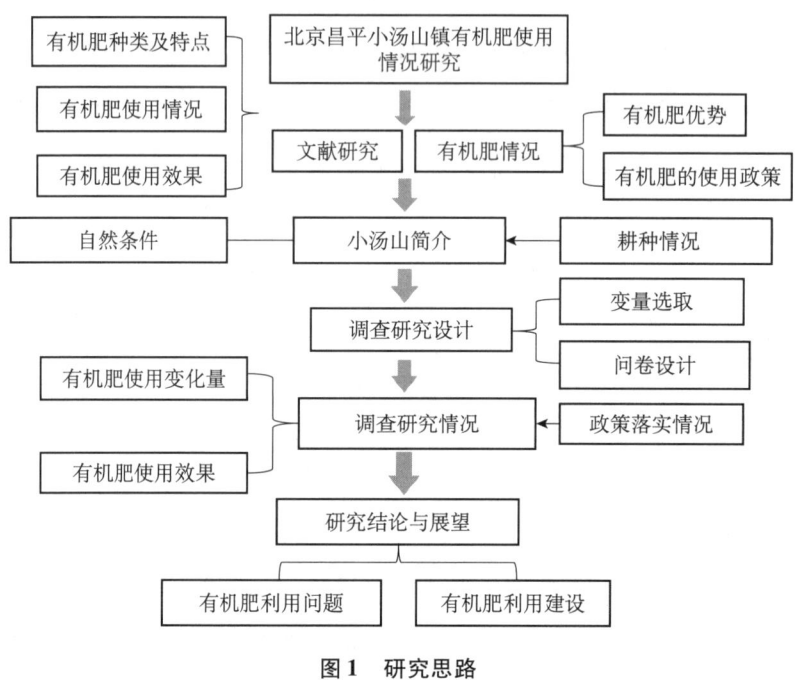

图 1　研究思路

（六）研究方法

1. 文献研究法

文献研究是学术论文的基础和突破口。研究团队通过对国内相关文献的研读与整理归纳，对有机肥种类及特点、使用情况以及使用效果进行整体把握，在研读已有研究的基础上，调查昌平小汤山镇的有机肥使用情况与使用效果，为政策的优化和当地有机肥利用的调整提供对策建议。

2. 问卷调查法

问卷调查法是用书面形式间接搜集研究材料的一种手段,通过向被调查对象发放征询单或征询表,调查者可以获得调查对象对有关问题的意见和建议。在本研究中,研究团队对小汤山镇农户的有机肥使用情况、使用效果进行有针对性的设计问卷进行调查,结合小汤山镇的实际情况,为其有机肥的利用提出建议。

二、北京市有机肥基本情况介绍

(一)有机肥与化肥

肥料是现代农业生产中必不可少的重要材料,尤其对粮食生产发展起到很大的作用。据史料记载,我国使用肥料的历史比欧洲的国家早了1000多年。早在3000多年以前,古代的殷墟甲骨文就已经出现了肥料的记录。所以,我国是世界上使用肥料最早的国家。在长期使用肥料的过程中,农民总结了大量的经验,在施肥方面形成了一套理论。

目前,我国化肥产量和施用量约占世界总产量和总施用量的三分之一,已经建立了世界上最庞大的化肥生产和流通体系,为国家经济发展和粮食不断增产做出了巨大的贡献。2000年以后,我国化肥产量和施用量进一步增加,氮肥和磷肥在保证自给的同时出口增加,钾肥进口依存度大幅度降低,2012年自给率已经达到50%以上。

目前，在先进生产技术普及力度增强以及大型机械设备使用率增加等外界条件下，我国化肥销售网络和流通体系已经比较健全，化肥产量在快速增长，农用化肥施用量也在不断提高。但是化肥对农业环境存在着很多不良影响：一是降低农作物的产品质量，庄稼产生倒伏和病虫害危害；二是因为土壤对化肥散发的污染物有富集作用，施肥量超过土壤的保持能力后，造成土壤污染，进而造成水体富营养化，导致地下水污染。这也就导致了化肥产业的发展出现了不稳定现象，对粮食稳产高产也有一定的影响。

有机肥是由生物物质、动植物废弃物、植物残体加工而来，与化肥相比，剔除了有毒有害物质，富含大量的有益物质，如氮、磷、钾等营养元素。有机肥不仅能为农作物提供全面丰富的营养，也延长了肥效，能提高土壤生物活性，调控健康土壤微生物区系，防治土传病害。

（二）国家对有机肥使用的相关政策

随着我国农业的产业结构不断优化，肥料产业布局也在不断调整，肥料供需格局出现了重大变化。各级政府和科研部门对化肥的不合理和过度施用的负面影响十分重视。早在多年之前，政府层面就启动了以增加土壤有机质为重点的"沃土工程"，有机肥作为"十一五"重点扶植的肥料品种之一越来越受到党中央的重视。中央一号文件也多次提出"引导农民合理施肥，鼓励增施有机肥"。

北京市政府大力支持北京市土肥工作站对耕地质量保护与提升的理念和探索。2007年开始，北京市财政局就支持北京市土肥工作站开展有机肥培肥地力示范工程，以便推动有机肥施用。2007—2016年，北京市都市农业技术建设与综合开发规划项目、化肥面源污染防控技术示范应用项目等建立并完善了项目用肥招标、肥料物流配送、肥料质量监督、资金支付等有机肥补贴运行机制、流程。

政府部门的引导，有利于帮助有机肥生产企业做大做强，将农村中的农业废弃物变废为宝，化害为利，解决农村环境污染问题。北京地区"重化肥、轻有机肥"的施肥习惯已经得到了改善。

三、小汤山镇简介

（一）自然条件

小汤山镇位于北京市正北，昌平新城东南，处在前门、故宫中轴线的北延长线上，距首都机场 13 千米，离北京城区 16 千米，镇域总面积 70.1 平方千米，户籍人口 3.3 万人（其中农业人口 1.76 万人），常住人口约为 6.1 万人。全镇辖 24 个行政村、4 个社区，辖区内中央、市、区属单位 120 余家。

小汤山镇自古以来就有丰富的温泉资源。温泉行宫文化历史悠久，如今仍留存着乾隆御笔"九华兮秀"和慈禧沐浴的浴池遗址；小汤山镇镇域内六环高速、京承高速、顺沙路、立汤路四条主动脉与汤尚路、白马路等多条支脉纵横交错，交通便利，形成了成熟完备的交通路网；有温榆河、孟祖河、葫芦河等 9 条河流穿境而过；有国家级北方苗木基地、京承高速绿化带、六环路绿化带、温榆河绿化带等林木资源，占地近 2 万余亩，平均林木覆盖率达 63%，自然环境优美。2014 年小汤山镇农村经济总收入实现 33.67 亿元，同比增长10.1%；人均劳动所得1.77万元，同比增长9%；完成税收总额13亿元，同比增长31%。

小汤山镇是北京市第一批试点小城镇，先后被联合国开发计划署确定为我国可持续发展小城镇，被建设部等六部委确定为国家级小城镇综合改革试点镇，被国家环境保护总局授予"全国环境优美镇"的荣誉称号。2005年，小汤山镇被中国矿业联合会命名为"中国温泉之乡"，2006年被建设部评为"全国小城镇建设示范镇"，2009年被北京市政府确定为全市42个重点发展小城镇之一。

（二）耕地情况

目前，小汤山镇总土地面积70.1平方千米，其中耕地面积4.5万余亩，人均耕地面积1.36亩。2015年小汤山镇粮食种植面积约3765亩，亩产409.5千克，总产量约1528.1吨。经济作物以果树和蔬菜为主，其中：干鲜果品年产量1237.8吨（坚果年产量约0.5吨，鲜果年产量约1237.3吨）；蔬菜播种面积1135亩，亩产2033.1千克，年产量约2307.6吨。小汤山镇农用化肥年使用量约为939.8吨，主要以尿素、复合肥、磷酸二铵、过磷酸钙为主。经估算，2015年小汤山镇种植业因肥料地表径流产生农业面源污染中，总氮（TN）3.53吨、磷（TP）0.89吨。

四、小汤山镇有机肥使用情况

小汤山镇有机肥主要有以下几类：农家肥、秸秆肥、绿肥、畜禽粪便以及商品有机肥等大类,还有饼肥、人粪尿等。其中,农家肥有堆肥、沤肥、厩肥以及土杂肥等。

据调查统计,全镇农家肥资源丰富,但利用情况却呈下降趋势。农家肥中堆沤肥资源总量100万吨、厩肥总量33万吨、土杂肥资源总量35万吨。2015年,全镇冬小麦播种面积1138亩,单位产量为258.4千克,总产量为294.1吨。冬小麦秸秆资源总量60.7吨,直接还田12.14吨,其他利用量45.53吨,弃置乱堆量3.03吨(见图2)。玉米播种面积为3544亩,单位产量为348.1千克,总产量为1233.8吨。玉米秸秆资源总量189.1吨,其中直接还田28.37吨,其他利用量为147.5吨,弃置乱堆量13.24吨(见图3)。

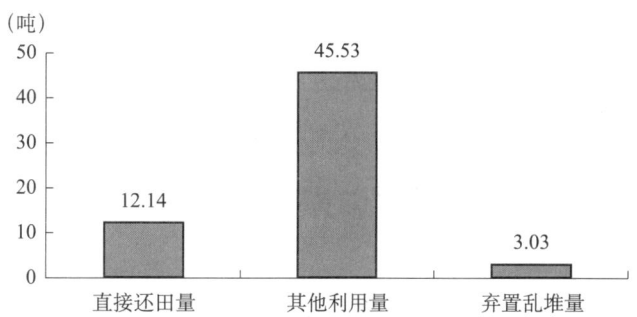

图2 冬小麦秸秆资源使用情况

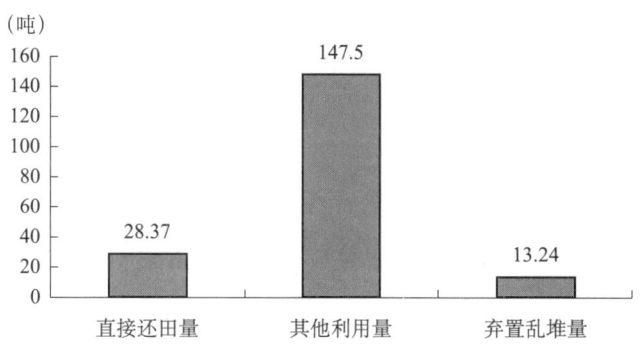

图3 玉米秸秆资源使用情况

在昌平区,畜禽养殖方面,大牲畜为11292头,奶牛8740头,山绵羊37424只,生猪年末存栏74195头,肉牛2374头。在昌平区小汤山镇,大牲畜为313头,奶牛44头,山绵羊2478只,生猪年末存栏5631头,肉牛241头(见表1)。与昌平区其他地区相比较而言,小汤山镇畜禽资源占比较少,畜禽粪便可转化能力有待进一步提高。

表1　　　　　　　　　　畜禽养殖情况表

	昌平区	小汤山镇	小汤山镇占昌平区比重(%)
大牲畜(头)	11292	313	3
奶牛(头)	8740	44	1
山绵羊(只)	37424	2478	7
生猪(头)	74195	5631	8
肉牛(头)	2374	241	10

五、小汤山镇有机肥利用效果

小汤山镇有机肥料资源品种多、数量大,农业利用的方法很多,主要有农家肥、秸秆肥和绿肥三种。

(一)农家肥

小汤山镇农家肥多以堆沤腐熟后直接施入农田。堆肥的方式有两种:常规堆肥和高温堆肥。高温堆肥可以杀死垃圾中的虫卵、病菌及草籽,让有机物高温腐熟后,形成松软的团粒结构。部分农户在堆肥过程中,使用无机磷、钾肥以增加农家肥的养分含量,提高质量和肥效。

(二) 秸秆肥

小汤山镇作物秸秆转化为肥料的利用方式主要有直接还田、堆沤还田、过腹还田和沼肥还田。而规模养殖场的粪肥利用率可达100%。沼气池多以畜禽类粪便以及一部分作物秸秆作为原料。沼肥已成为农户的优质有机肥资源。近年来，小汤山镇多用沼肥还田。经过调查，小汤山镇规模以上的养殖场都有固定对接的沼气站，保证畜禽粪便资源得到有效利用。

(三) 绿肥

种植绿肥可以充分利用各类作物生长以外可以利用的空间和时间，绿肥也是一种优质、清洁的有机肥源。目前，小汤山镇绿肥应用模式主要是夏玉米间作豆科绿肥模式，即玉米实行大小行种植，在保证一定亩株数的条件下，在大行间间作一定面积的豆科绿肥模式。该模式充分发挥了玉米的边行优势，达到玉米的增产效果，又可以减少玉米对豆科绿肥的遮阴，获得一定的经济产量；并且后插接冬小麦，可以明显提高冬小麦产量。

六、调查结论与展望

(一) 调查结论与研究发现

由于被调查的镇区距离北京城区比较近，镇上的许多农民选择进城务工来作为增加经济收入的方式，完全依靠种地维持生活的农户并不多，农民在耕作上投入的精力也随着收入的提高和收入方式的多元化而逐步递减。在具体的耕作管理中，有机肥的使用情况存在以下几种情况：

1. 有机肥使用随意化

非农方式逐渐成为更多农民的收入选择，务农人员结构也发生了变化。现在小汤山镇农村务农主力主要以留守老人群体为主，长时间的生活习惯使这些老年人对土地有割舍不掉的感情，在社会发展巨大变化的当下，仍以农业劳作的方式作为收入的主要方式。在农作物施肥的各个阶段，施肥主要还是以传统的方式为主，对肥量的选择也主要以过往的经验进行主观性的选择，对客观具体情况（如哪种农作物需要什么、肥料元素进行补肥等因素）考虑得较少，导致在肥料的施取上随意性较大，缺乏科学的技术指导。

2. 有机肥的利用低

农户使用有机肥多以传统农家肥为主，即农户散养的畜禽粪便、人粪尿、农作物材料等为原料，经过对堆沤制成的堆肥沤肥。随着农村的发展和农村面貌的改变，这类的堆沤场所已经渐渐减少。一方面，传统堆放肥料的做法逐渐从乡村消失，农户自制有机肥的能力降低；另一方面，市场对于有机肥料的推广力度和推广方式都存在一定的制约，农民选购有机肥料时缺乏便捷的平台。同时，有机肥腐熟程度低也是影响有机肥有效利用的一个重要原因。散漫的堆肥处理方式、粗糙化的秸秆掩埋手法、初级化的绿肥加工，严重制约了有机肥的有效生产，也使有机肥的效果大幅降低。

3. 商业有机肥产品简单化

商业有机肥产品比较单一，不能形成有效的有机肥供给，往往农民选择使用有机肥料还需要搭配其他肥料，这样才能比较完善地为种植物提供所需养分。农民对有机肥的单独肥效缺乏信任力，对新型有机肥的了解还不足，存在对无机肥料加强使用的倾向。在无机肥的使用中，农民并不认为无机肥的使用是掠夺式生产，更多的想法还是以补充作物养分为主。农民对有机肥对土地的保护性作用认知的缺乏，导致了农民对有机肥的选择偏向较低的现象。

（二）小汤山镇有机肥使用前景展望

1. 提升有机肥的生态化生产

农村对有机肥的使用，还是沿用传统的农家肥堆沤方式处理，减少了对土壤的破坏，但仍然会给周边的环境带来一定的污染。对于这些生活中的有机垃圾的统一处理，一是减少了人力成本，二是更好地减少了这种单个堆肥所造成的污染，能够使资源得到更好的利用，减少养殖业粪便和生活垃圾造成的环境破坏。同时，生态有机肥产业的发展，也进一步延长了农业生产过程中的产业链，达到带动农民增收的效果。

2. 加大政府引导农户使用有机肥的力度

地方政府应设置相应的鼓励政策，扶持和引导，秸秆还田、绿肥种植等列入相关的补贴项目中。开展商业有机肥的工作，改变当前秸秆浪费、畜禽粪便污染等现状，一方面省去农民积用肥的资源消耗，另一方面也促进肥料产业应用的升级。不断的技术革新，可以使农民解决有机肥施肥等使用技术上的问题。同时政府可以加强宣传，引导农民接受秸秆还田等技术和使用用商业有机肥。

参考文献

[1] 张艳洁, 耿文. 有机肥的种类及作用特点 [J]. 农技服务, 2010 (1): 65, 85.

[2] 周博, 高佳佳, 周建斌. 不同种类有机肥碳、氮矿化特性研究 [J]. 植物营养与肥料学报, 2012 (2): 366–373.

[3] 李泉. 不同肥源有机肥的特点及利用 [J]. 种业导刊, 2010 (11): 30–32.

[4] 杨桂杰. 我国有机肥的现状与发展前景分析 [J]. 农民致富之友, 2013 (12): 84.

[5] 侯扶琴, 陈玲, 梁晓春, 刘军林. 有机肥在兵团团场的使用现状及发展前景 [J]. 农业开发与装备, 2015 (9): 31–32, 71.

[6] 王鲁敬. 北疆地区有机肥的施用现状及前景分析 [D]. 石河子大学, 2014.

[7] 马雪莲. 生物有机肥对水稻生长及土壤中小麦秸秆原位降解的影响 [D]. 南京农业大学, 2013.

[8] 丁哲利, 韩丽娜, 曾会才, 郑伟, 何应对, 臧小平. 香蕉茎秆有机肥对大白菜生长的影响 [J]. 中国农学通报, 2016 (10): 73–78.

[9] 黄卫红, 陈永斌, 陆群, 朱群, 李栋. 商品有机肥在水稻上使用效果技术研究 [J]. 上海农业科技, 2008 (3): 55–77.

北京市怀柔区板栗产业化发展规划研究

孙玥　何临　郭蓓　崔倩　李悦　高伟　姚茹格　杨碧波

一、研究背景与目的

北京市怀柔区素有"中国板栗之乡"的美誉。怀柔板栗种植历史悠久，清代《钦定日下旧闻考》中记载，"栗子以怀柔产者为佳"。怀柔板栗以其含糖量高、营养丰富、口感香甜糯软而闻名，是板栗中的珍品，曾在古代作为贡品进贡朝廷。2006年，怀柔板栗成为国家地理标志保护产品，拥有"原产地证明商标专用权"，"怀柔板栗栽培技术"也被列入北京市第二批非物质文化遗产保护名录。

怀柔区现有板栗种植面积为28万亩，其中散生大树13万亩，密植园15万亩。平均年产板栗1000多万千克，怀柔区板栗总产量和出口量占北京市的60%以上。为了更好地适应市场需求，增强市场竞争力，怀柔板栗产业化经营已成为重中之重。本文旨在通过对怀柔板栗产业发展现状进行介绍，并对怀柔板栗产业发展的优劣势分析，试图找出怀柔板栗产业现存的问题，最后对怀柔板栗产业化发展提出相关的建议，以期能为怀柔板栗的产业化发展提供帮助和借鉴。

二、怀柔板栗产业发展现状概述

(一) 怀柔板栗种植现状

怀柔区是北京郊区之一,位于北京市东北部,全区总面积为2122.6平方千米。怀柔区是北京市重要的板栗生产基地,地处燕山山脉,土质为花岗岩、片麻岩等分化形成的微酸性土壤,土壤pH值为6~6.8,土壤有机质含量高,土壤中富含锰、硼等微量元素,正适合板栗的生长需要。怀柔板栗种植历史悠久,《史记·货殖列传》中就有"燕,秦千树栗……此其人皆与千户侯等"的记载。怀柔区14个乡镇中,除了庙城镇,板栗生产覆盖其余13个城镇,种植面积达到28万亩,储备栽培品种72个,主栽培品种20余种,主要品种有燕红、燕丰、燕昌、怀黄、怀九。据2011—2015年《北京市怀柔区统计年鉴》,除庙城镇无板栗种植外,北房镇、杨宋镇、宝山镇、喇叭沟门乡板栗种植产量较少,板栗产量主要种植区是桥梓镇、渤海镇、怀北镇以及九渡河镇。渤海镇在2013年产量更是达到6000多吨,接近当年怀柔区总产量的一半。另外,板栗年产量在2010—2013年呈逐年递增,2013年产量更是达到了14万吨。但是在2014年板栗产量出现大幅下降,年产量仅为6万吨,是5年内产量最低产的一年,产量不足2014年的一半,主要产区渤海镇也受到很大影响,当年的产量仅达到2013年的三分之一。通过对当地种植户的了解发现,2014年板栗出现大幅度减产是由于当年气温在板栗雄花分化期间的变化幅度较大,导致雌花明显减少,不足2013年的三分之一,造成严重减产(见

表1）。

表1　2011—2015年北京市怀柔区各乡镇板栗产量

乡镇	2010年（吨）	2011年（吨）	2012年（吨）	2013年（吨）	2014年（吨）
怀柔镇	355	422	439	460	305
雁栖镇	334.2	406.8	482.6	965.2	416.9
庙城镇	0	0	0	0	0
北房镇	10	10	10	10	8
杨宋镇	3	3	3	3	3
桥梓镇	565.5	749	772.5	816.1	663.5
怀北镇	778.4	821.5	836	1071.1	817.3
汤河口镇	54.2	57.1	54.8	74.8	23
渤海镇	4754.5	4959.5	5392.5	6346.3	2585.4
九渡河镇	3986.6	4394.2	4133.8	4320.7	960.5
琉璃庙镇	137.4	219.7	254.8	295.1	140.1
宝山镇	27.0	31.0	44.1	35.4	17.1
长哨营乡	94.3	103.2	107.6	120.2	43.1
喇叭沟门乡	35.5	37.0	23.0	27.0	8.2
合计	11135.6	12214	12553.7	14544.9	5991.1

数据来源：2011—2015年《北京市怀柔区统计年鉴》。

（二）怀柔板栗产业发展现状

怀柔板栗生长最适区分布在南北两沟，主要分布在包括九渡河、渤海两镇以及桥梓镇的峪沟村、怀柔镇的甘涧峪村、雁栖镇的柏崖厂村至莲花池村；板栗生长适宜区分布在山前暖区，包括怀北镇的邓各庄、大水峪、河防口，雁栖镇的范各庄、下庄，怀柔镇的东四村、郭家坞、红军庄、孟庄，桥梓镇的北宅、后桥梓、平义分、沙峪口、岐庄等。怀柔板栗可以加工制作成栗干、栗酱、栗粉、栗浆、糕点和罐头等食品。目前，怀柔板栗品牌有老栗树、栗山翁、栗香浓等。除了传统的糖炒板栗外，怀柔板栗企业还创造性地开发了"怀柔烘烤板栗"，利用互联网让全国各地一年四季都能吃上怀柔的板栗。另外，怀柔区在迅速扩大板栗种植规模的同时，努力提高板栗的单产水平和产品质量，加快产业化发展，全区建立板栗标准化生产示范基地5个，示范面积3500亩；完成绿色食品生产基地检测1万亩；建立怀黄、怀九优良板栗品种采穗园11处，面积达600亩，年产接穗400万枝，良种供给率达100%；完成老果园改造2.2万亩。

近年来，北京市怀柔区通过实施三大产业带动农民绿岗就业，作为怀柔区的特色产业，板栗对农民就业带动作用显著。多年来，板栗种植作为怀柔的农业主导产业，吸纳了全区4万农民就业，与之相关的还有板栗收购、板栗加工、板栗销售等。怀柔区观光果园达到270个、2万亩，果品采摘综合收入5900万元。另外，随着传统林业向现代林业、都市林业、休闲林业的拓展和延伸，园林文化产业不断繁荣发展，为农民就业增收创造了新的发展空间。青山绿水、新鲜的空气、丰富果品吸引大量游客来怀柔旅游，直接带动了民俗乡村游的发展，促进了农民增收。怀柔区牢牢把握生态涵养发展区的功能定位，结合区域生态文明建设，积极发展绿色生态产业，拉动绿色就业，保洁保绿、养山护水、植树造林带动就业效果明显。2004年12月，北京市实施山区生态林补偿机制以来，怀柔区认真贯彻北京市山区生态林"养山就业、规范补偿、以工代补、建管结合"的建设方针，有效地保护造林绿化成果，实现了山区农民由"靠山吃山"向"养山就业"转变，促进了山区生态建设和农民增收。2016年，怀柔区山区生态林面积为235.13万亩，生态补偿面积193.12万亩，年补偿资金4212.48万元，涉及14个镇（乡）216个行政村，年安排管护人员8776人。全区年人均纯收入比补偿前增加252元，山区农民年人均增收502元。

目前，怀柔龙头企业不仅开发了北京市板栗销售市场，将板栗产品配送到北京190余家大型超市和商场，并且与日本、韩国、新加坡、美国等国家的企业签订了销售合同，与德国、法国和意大利等国家的企业达成合作意向，大大提高了怀柔板栗的出口创汇能力。2002年，怀柔龙头企业以天津新港货运代理出口为基础，建立了怀柔板栗物流配送中心，疏通了销售和出口渠道，全年可实现配送额5000万元。

怀柔板栗产业具有多种社会效益和生态效益。一是板栗主导产业工程的优新品种示范，可以推动怀柔板栗良种更新换代。二是绿色、高产、优质和高效栽培技术的开发与示范，可推动怀柔板栗生产技术水平的提高。三是龙头企业的带动可以加快板栗产业化链条的形成。四是大力发展板栗产业可显著提高种植区林木覆盖率。据专家分析，随着怀柔板栗主导产业工程的实施，怀柔板栗产区植被覆盖率将提高2.56%，净化空气，有效保护和改善当地生态环境，可以满足人们观光、采摘的需求，促进生态旅游业的发展。

（三）怀柔板栗加工业现状

我们通过对市场调查发现，目前怀柔区的板栗加工企业有数十家，其中有4家规模相对比较大，分别为：北京富亿农板栗有限公司、北京栗乡园食品有限公司、北京御食园食品有限公司和北京红螺食品集团有限责任公司。其基本情况见表2。

表2　　　　　　　　怀柔板栗加工龙头企业基本情况表

企业名称	注册类型	成立时间	企业规模	主要产品	产品主销地	年营业额
北京富亿农板栗有限公司	民营股份制企业	1999年	企业总资产3800万元，拥有员工500余人	板栗	国内以北京、台湾地区为主，国外销往日韩、东南亚、欧美	4700万元
北京栗乡园食品有限公司	有限责任公司	2002年	厂区面积24000平方米，建筑面积6000平方米，项目总投资1200万元	板栗占90%	国内占60%；国外占40%	1000万元
北京御食园食品有限公司	民营股份制企业	2001年	自建工业园区24078平方米，员工1200余人，种植基地逾20余万亩	果脯系列、怀柔板栗系列等	以北京为主	2.1亿元
北京红螺食品集团有限公司	股份制企业	2006年	注册资金为1180万元，拥有固定资产4029万元，现有员工500余人	红螺果脯、果干等休闲食品	北京占45%，北京以外地区占20%；国外占30%	1.8亿元

数据来源：九略管理顾问公司项目调查报告。

根据表2可知，怀柔区板栗加工企业整体规模较小，加工产品的生产能力有限；板栗加工业产品的主要原材料来自本地，节约了原材料的运输费用；除了富亿农纯粹加工板栗产品，栗乡园主要经营板栗加工，其他两家企业并不以板栗加工为主；从板栗的销售地区来看，国内市场虽开发了北京、上海和深圳市场（但主要是以北京为主），而国外市场主要是以日本和东南亚国家为主且出口量相对较少。

三、怀柔板栗产业发展的优劣势分析

（一）怀柔板栗产业发展的优势

怀柔板栗产业发展的优势是指有利于怀柔板栗产业化发展的因素。怀柔板栗拥有较强的优势，具体表现为以下几点：

1. 优越的种植条件

由于地处板栗最佳种植带，即：北纬40°、东经110°~东经120°，东起山海关、西至怀安，长约500公里的燕山山脉，成就了京津冀北的怀柔区、蓟县、遵化市、迁西县、迁安市和兴隆县等著名传统"京东板栗"产区。怀柔区属于温带大陆性半湿润季风气候，温和冷凉，年降水量500~600毫米，其地理位置、海拔高度、降水量、温度和土质等条件均适合板栗生长，因而一直是燕山板栗最佳种植带。板栗树适合酸性或微酸性的砂质壤土，土壤pH值为5.0~6.0。而燕山山脉绝大部分地区是由花岗岩、片麻岩风化形成的微酸性土壤，含有大量硅酸，板栗果实吸收硅酸后其内皮腊质含量增加，炒熟后内果皮易剥离，这正是燕山板栗享誉国内外的原因所在。怀柔板栗现有很大的种植空间，大面积山前暖区、丘陵地带尚未开发，仅九渡河镇和渤海镇就有耕地1200公顷、非耕地466.67公顷和山地半山地666.67公顷适宜栽植板栗，为进一步扩大板栗种植规模提供了土壤资源。温带大陆性半湿润季风气候、微酸性土壤，这些独特的自然气候为板栗的种植提供了基础。

2. 悠久的板栗种植历史、丰富的板栗种植经验

怀柔种植板栗历史悠久，长期的栽培积累了宝贵的经验，农户十分了解板栗的生长习性，为板栗的种植提供了相对科学的理论和技术支撑，为怀柔板栗的高质、高产提供了坚实而宝贵的基础。已培育成的"怀九"和"怀黄"等高产优质、适于密植的优良品种，均具有高产稳定、结果早、矮生抗旱、抗病虫和耐瘠薄的特点，其生产规模日益扩大，初步呈现出规模化、区域化的板栗产业优势。

3. 具有一定的品牌影响力

经过多年来的发展，怀柔板栗以其优秀的品质获得了良好的口碑，树立了优秀的品牌影响力，在同类商品中具有较强的竞争优势。世界上板栗品种按地域可分为欧洲栗、美洲栗、日本栗（包括韩国和我国台湾）和中国栗四大类，其中欧洲栗和日本栗主要作菜（饲）用，不适合糖炒和加工，而美洲栗主要用以木材生产。相比而言，中国栗应用范围较广，鲜食、煮食、糖炒、菜用和加工均可，因而其种植规模不断扩大，产量迅速提高。2000年中国板栗在面积、产量和单产方面均居世界首位。燕山板栗营养丰富、口味甘甜、果形玲珑、色泽美观、肉质细腻、易剥内皮、糯性强和耐储运，在国际上，享有较高声誉。怀柔板栗产量近年虽有大幅度提高，仍难以满足市场的需求。

4. 市场价格优势明显

具有市场和价格优势，2000年后日本等亚洲市场对炒食熟栗仁的需求量猛增（2000年日本需求量为300万千克，为1998年的3.75倍），欧美等国

市场对栗仁深加工产品的需求量也成倍增长。国内市场板栗消费量以每年17%~21%的速率递增,这些都为怀柔板栗扩大生产规模、提高效益奠定了基础。2016年,美国市场30~40粒/千克、80~110粒/千克板栗销售价分别为6.7美元和2.2美元,分别为国内售价(9.6元和2.5元)的5.72倍和7.2倍;而日本市场该两种板栗销售价分别为1000日元和30日元,分别为国内售价的7.29倍和0.84倍,这为怀柔板栗的出口提供了竞争优势。

5. 具有政策和技术保障优势

农业结构和国家粮食政策调整以及种植政策的优惠,为怀柔板栗产业成规模、跨行政区域发展提供了更大机遇。怀柔区人民政府曾经制定了山区连片2公顷、半山区和平原3.33公顷栽植板栗的单位及个人每0.07公顷可享受200元经济补贴的扶持政策,极大地调动了农民种植板栗的积极性。怀柔区已形成一整套板栗密植丰产栽培技术,包括化学疏雄、节水栽培、保水剂、有机物覆盖、平衡配方施肥和安全高效的植保技术等,以化学疏雄技术为例,施用化学疏雄剂可疏除雄花70%~85%,平均增产板栗15%~25%,增收2250元/公顷。怀柔区政府还高度重视板栗出口和加工龙头企业的建设,投资兴建了龙头企业北京富亿农板栗有限公司。

(二)怀柔区板栗产业发展的劣势

怀柔区板栗产业发展的劣势是指怀柔板栗产业化存在的缺点和不足。以怀北镇邓各庄村村民为调查对象,选择30户农户进行访谈,我们总结了怀柔板栗产业化经营存在的问题,具体表现为以下几个方面:

1. 种植技术落后，经营规模小

经统计，邓各庄村的调查对象中每户拥有的板栗株数见表3。

表3　　　　　　　　邓各庄村板栗农户拥有植株数量表

板栗株数	1至5株	6至10株	10至15株	15株以上
农户数量	7户	13户	7户	3户

数据来源：实地调查。

由表3可以看出，邓各庄村大部分板栗种植户的生产规模比较小。长期以来，板栗的种植一直是以单一农户为主要生产单位，对于以家庭为单位的板栗种植农户而言，生产规模小限制了其生产方式的进步，大多数农户不愿花费大量时间和金钱在几棵板栗树上。他们基本是"靠天吃饭"，虽然拥有丰富的种植经验，但是缺少严谨的科学技术支持，产量波动风险较大。其单产和总产量均有待提高，主要原因也是品种较单一、良种推广滞后、技术创新与应用不足等，以及管理粗放、技术含量较低。目前，怀柔栽培板栗品种主要以"燕红""燕丰"和"燕昌"为主，占总栽培面积的60%左右，但这些品种不适宜密植栽培。适合密植栽培的"怀黄"和"怀九"等板栗良种推广面积仅占全区总栽培面积的37%，未达到全面提高单产的规模。若能全面实施科学配套技术，将板栗平均单产大幅提高，则有利于充分发挥现有土地资源生产潜力、节省土地和建园等投资、提高板栗总产量。

2. 板栗收购市场管理不规范

目前，怀柔板栗收购方式大体有个体收购、企业收购、合作组织收购和其他方式，见图1。

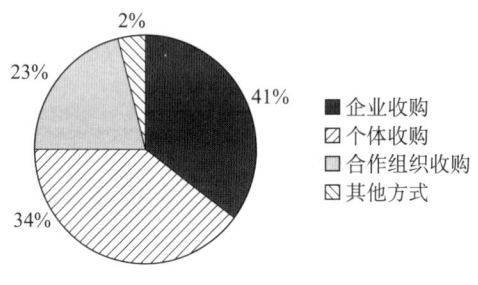

图 1 板栗收购方式统计图

由图 1 可知,企业收购和个体收购依然是板栗收购的主要方式。其实,收购市场不规范这一问题在北京远郊地区农产品市场上普遍存在,由于缺少合作社等组织的扶持及龙头企业的带动,农户在市场中处于被动地位,板栗加工企业往往会因板栗不符合其标准而拒绝收购或降价收购。

3. 板栗主产区间协调不足,加工企业产业链较短

未来的竞争不只是企业、行政区域间的竞争,也是地理和资源。任何地区在强调开放的同时,必须重视所在区域的整体竞争力与可持续发展。怀柔板栗与其他燕山板栗主产区虽处于不同行政区,但共同依托燕山山脉的自然资源,应从整体区域角度实施产业化发展,怀柔板栗生产布局应与其他燕山板栗产区相协调。但燕山板栗各主产区仍是"诸侯割据",各自依靠其自身资源封闭发展,不仅与首都经济圈的战略规划不相协调,而且彼此恶性竞争影响了怀柔与其他燕山板栗产区的协调发展。

板栗的主要加工方式为炒和煮两种,而一般板栗加工企业也是采取这两种方式,产品经过密封包装后就投放市场。由于加工企业的加工能力有限,板栗产业链无法继续延伸,市场上流通的板栗产品类型单一,不利于开拓市场。而像板栗酱、板栗罐头、板栗粉等深加工产品,也由于企业加工能力和

储运技术的限制，并不能像其他产品一样普及市场。相比而言，板栗加工业技术水平要远远落后于板栗种植业。

4. 市场开发力度不均衡，对单一市场依赖性强

早期，怀柔板栗的销售市场主要是北京、天津、河北等周边地区，其中90%的销量都集中在北京地区。自20世纪初，日本、韩国以及欧美、东南亚等地区的消费者对燕山板栗的青睐日益增长，导致目前北京郊区每年所产的优质板栗，90%以上都用于出口，而北京地区市面上的糖炒栗子则多为"南方货"。这种对市场过分单一依赖的状态大幅加剧了板栗种植加工的风险，对企业和农户的收入产生严重的影响。

5. 假冒伪劣板栗产品破坏了怀柔板栗信誉

自1993年板栗市场开放以来，国内数十家出口公司相继涌入怀柔区和其他燕山板栗产区，竞相抬高收购价格，降低出口价格，使怀柔板栗产业遭受巨大打击。大量劣质板栗冒充怀柔板栗出口，严重冲击了怀柔板栗市场，破坏了怀柔板栗出口信誉。

6. 板栗产业绿色食品、有机食品开发力度有待加大

与其他林果相比，板栗生长力强且病虫害少，使用化肥农药量少，加之栗仁包裹于厚厚栗皮、栗篷中，易达到品质纯净、无药残留等标准。虽有"富亿农"牌甘栗仁已获得A级绿色食品认证，但其生产基地规模尚有限，大部分地区未按绿色食品标准生产，使板栗产品在出口创汇中丧失了大量的"绿色利润"。

四、怀柔区板栗产业现存的问题

目前,怀柔区的板栗生产种植有优势,板栗产业发展中也存在很多问题。前文述及,怀柔区板栗种植存在技术落后、生产规模较小,土地资源有限,高质品种推广不足的问题,还面临着收购、加工、生产、销售等环节中的问题。

(一)板栗收购不规范

1. 收购方式对农民不利

板栗的收购方式大致分为三种:个体组织收购、商贩收购以及企业收购。在这三种收购方式中,农民都处于不利地位。不管是组织,还是企业,都是价格的制定者。农民对于价格只能是接受,基本没有议价能力。同时,收购对于质量的要求也越来越高,而农民在种植环节缺乏有效的管理技术,致使收购过程中大量出现不合格的板栗。

2. 收购价格波动,农民利润过低

板栗的价格主要由收购商制定,且波动很大,这使农民种植板栗的产量逐年增加的,但是收入却没有什么改观,利润更是难提高。这样的情况持续多年,农民的生产积极性遭受打击。

3. 缺少组织机构的帮助

农民在收购环节处于不利地位已久，收入不稳定，如果有组织把多数农户联合起来，实行科学的生产管理，保证产品质量，能对收购商产生很大的影响力。组织机构对农户的销售进行统一管理，既可以批量购销，也可以为大型企业筹备充足货源。

（二）板栗加工企业规模小，加工能力低

1. 加工企业竞争力不强

怀柔区从事板栗加工的企业规模不大，行业整合能力不高。除去个别企业以板栗为主营业务，其余企业都是兼营板栗，且规模不大、生产方式落后。这些企业采购方式单一、成本过高、与农民联系不够密切，而且经营管理方式传统落后，缺乏先进的管理手段和管理意识，同时缺少创新人才。这些企业规模较小，资金较为短缺，获得资金渠道单一，基本为贷款，对企业快速发展有很大影响。企业对板栗的加工总量小、品种单一、技术落后。

2. 深度加工总量小

从总量上看，加工企业的总体产量不低，本地所生产的板栗基本能够消化，但是绝大多数产品都是原始产品（没有经过深度加工）。出口的板栗也是只进行简单的分拣，基本上都为初级产品，深加工产品很少。很多板栗生产户或企业对新产品的尝试欲望不强烈，基本满足于现状，其收入主要为加

工费和差价。

3. 产品品种单一

怀柔区的板栗产品基本为开口栗、速冻栗仁、干栗仁等,对消费者的吸引力越来越低。怀柔区企业生产的板栗小包装产品不能真正地体现燕山板栗的独特风味,没有发挥燕山板栗具有的独特品质优势,不能适应市场不同层次消费者的各种需求,难以打造精品,产品附加值很低。

北京为国际旅游城市,旅游业发达,但板栗旅游休闲食品并不多见。从目前的实际情况来看,板栗的产量每年都在增加,但市场的消费形式比较单一,板栗深加工的发展远远低于板栗产量的增加。而板栗深加工没有跟上、产品品种单一,也是目前板栗产品价格走低的一个重要原因。

4. 知名度不高

怀柔板栗具有一定知名度,但是品牌发展还是处于初级阶段、有待建设。在我国,生产板栗的省份就有 20 多个,竞争十分激烈,品牌在销售时对顾客的影响力是很大的,一个地区没有知名的品牌,产品很难在市场上打开局面,所以企业应该在品牌建设方面多下功夫,加强品牌建设和品牌管理。

5. 储藏运输技术落后

在一般条件下,板栗的保鲜时间不长,大概只有 3 个月。即使是放在冷库中保存,通常也只能保存半年时间且影响口感。因此农户销售板栗的时间一般为 3 个月左右。与此同时,温度、湿度的控制不当使板栗在采摘之后的储藏及运输过程中出现大量的变质情况,造成的损失极大。因此,改善储藏运输技术，延长板栗的储藏时间和销售时间，可以获得更大利润，进而在市场竞争中占据优势。

6. 企业对地区促进作用较小

大企业对地方经济的发展应该起到促进作用，提高当地居民收入，同时提供大量就业机会。但是，怀柔区板栗企业与农户的合作关系松散，并没有起到拉动当地农户增长的作用，而且企业多数职工为外来务工人员，对当地的就业促进作用不明显。

五、怀柔区板栗产业化发展的建议

怀柔区板栗产业虽然产业化水平较低，但已拥有一定的产业发展机遇和发展优势，具有产业化发展的条件。下文从政府、企业和农民三大主体的角度，就如何发展板栗产业、如何促进种植板栗产业农民增收的问题进行探讨和阐述。

（一）政府发展怀柔区板栗产业的对策建议

1. 政策引导

在市场经济背景下，产业资源的积聚体现了利益导向，因此政策的引导应以利益导向为主。此外，由于怀柔区板栗的产业发展处于初级阶段，农业产业效益较低，配套产业体系不健全，而前期投入又较多，因此政府采用积极的财政支持和政府直接投资尤为重要。具体而言，因为怀柔区板栗产业资源不足，难以发挥产业的自生功能和辐射功能，政府应首先通过一些直接投入的政策，营造金融、技术等服务体系环境，这包括政府的信贷支持、政府给合作社的政策优惠、制定法规加速农用土地集中和专业化、一体化经营组织的低税收政策以及一体化经营组织章程等。

2. 建设产业集群平台

就产业集群的发展经验来看，一般产业集群具有相对稳定的发展环境和发展区域，在产业集群区域内，政府的集中管理比较有效。

根据怀柔区的地理特点、板栗的生长习性，以及已经形成的板栗种植基地，板栗加工业产业集群的区域建设平台可以分为两个部分：种植区、板栗加工业产业集群园区。

（1）种植区。全力打造九渡河镇和渤海镇两个板栗大镇，建立高标准的板栗示范园。将园区打造成为板栗的主要种植基地、品种创新基地，提高园区内板栗种植的技术含量。园区内部还可以逐渐发展集观光、采摘于一体的休闲农业园区，增加产品的附加值。

（2）板栗加工业产业集群园区。在怀柔区的平原地区专门开辟一个空间，建立板栗加工业产业集群园区，将产业集群中的龙头企业、横向企业群、纵向企业群都集中到产业集群园区，并逐渐完善园区的各项功能。园区建成后，可以与园区外的各种行为主体进行沟通、协调、竞争与合作。当地政府的任何政策、规章以及各种扶持举措都可以针对整个园区来制定和实施，而不必再针对个别企业，这样既有利于整个产业集群的发展，还可以节约政府管理成本、便于集中管理。同时，产业集群园区的建立，还可以加强企业间的凝聚力，降低企业间的交易费用，实现集群的整体发展。产业集群园区内，可以逐渐发展一些服务性和带有观光旅游性质的行业，提高园区的对外吸引力和综合获利能力，加强园区的综合功能。建设产业集群园区要注重集群的整体发展，打造统一的园区品牌，进而充分发挥品牌效应。

3. 提供技术支持

政府部门应当发挥组织者的作用，为板栗种植、加工企业提供必要的技术支持和服务，提高生产、加工的科学性和高效性。对板栗种植户的技术支持主要是加强农业高技术研究，完善农技推广的社会化服务机制，深入实施农业科技入户工程，扩大重大农业技术推广项目专项补贴规模。政府应鼓励各类农科教机构和社会力量参与多元化的农业技术推广服务。

4. 加大金融支持力度

企业、农户的融资平台直接影响着产业的发展效度，建立良好的金融服务体系对于推动板栗产业的发展具有不可低估的作用。金融服务体系包括银行体系、财政体系、证券交易体系等，就目前而言，主要的金融机构是银行、信用社、证券交易所。相关的金融体系建设中，制定政策吸引金融机构对板栗产业的支持是解决产业发展对资金需求的关键。

(二) 企业发展怀柔区板栗产业的对策建议

1. 龙头企业发挥带动作用

由于具有其较强的行业整合能力、雄厚的资金基础和较强的技术研发能力等优势,龙头企业对产业的走向具有很大的影响力。此外,龙头企业一般都是行业中的领导者,在开拓行业市场、扩大行业需求方面作用突出。因此,龙头企业带动机制是板栗产业发展的动力要素。目前,在怀柔板栗加工企业中,有6个较大型的加工企业,其中北京富亿农板栗有限公司实力较强,秋之山栗公司的板栗加工能力不弱于富亿农公司。6个加工企业的板栗处理能力基本能够消化怀柔区板栗产量,因此,从现有加工企业中选择几个进行重点扶持,打造产业领军者,将对整个产业的产业化发展带来持续的动力。一方面,龙头企业自身要深化改革,用新体制和新机制大力挖掘企业潜力;另一方面,怀柔区政府要加大资金投入力度,重点扶持龙头企业进行生产工艺改造、新产品研发和国际市场开拓。龙头企业发展到一定规模,即可打破地域界限,带动周边地区(包括北京市密云区、天津市和河北省等板栗产区)形成规模化和集团化发展态势。为此,应建立区域协调机构,创建行业协会,并通过区域战略协作、产业规范和业内企业自律、技术与产品交流、市场开拓与价格统一战略,扩大板栗出口,充分保护农民、企业和相关主体的利益,实现板栗产业化可持续发展。

2. 创新板栗产品

改变板栗加工产品的产品结构,就是挖掘板栗这种农产品的特性,积极开发附加值高的产品,使板栗的加工产品不仅局限于消费者的一般食品性消费,充分利用板栗的其他价值,如药用价值、保健价值等,实现产品的升级,提高产品的附加值。开发和建设新工艺,就是充分利用板栗加工后剩余部分,发展板栗加工的副产品工业。研究和实践表明,板栗的外壳是很好的燃料,将板栗外壳用作板栗加工企业和其他企业的燃料,有利于充分利用资源,降低能源消耗，实现集群加工工业的经济的和可持续性发展。

3. 改变传统种植方式

板栗种植企业应该通过提高单产增加经济效益。怀柔板栗在日本、韩国及东南亚市场颇受欢迎，一直处于热销状态，国内板栗消费市场也不断升温，因此提高产量是板栗产业化发展的关键。

4. 形成产业集群

产业集群的形成，需要一方面加强产业中单个企业的实力，另一方面建立竞争机制，引入企业间的竞争，促成产业的良性发展。目前，怀柔板栗产业的加工企业除较具规模的 6 个企业外，其他企业竞争力较弱。现有企业应完善管理体制和管理水平，致力于新产品研发，提高板栗产品的附加值和技术含量。此外，为提高当地企业的竞争力政府应当制定政策，吸引新的具有较强研发、技术水平的板栗加工企业进驻怀柔，形成和现有板栗企业的竞争格局。强化这种竞争态势，能推动企业加强管理水平，加强市场开发力度和研发力度，从而拉长产业链，推动产业化向更高的水平发展。

（三）农民发展怀柔区板栗产业的对策建议

1. 积极参与农民合作组织

目前，怀柔板栗的生产缺乏有组织的管理，要解决大市场和农户小规模、无组织生产之间的矛盾、提高生产的有效性，需要建立农业合作组织并使农户的生产处于农业组织指挥之下。农业合作组织的职能主要包括：统一规划种植，统一提供技术服务和指导，统一销售，统一购进生产资料，对板栗的生产过程进行管理和规划。农业合作组织作为农户的合作组织，每个成员都具有对等的权利和义务，成员之间具有相互监督的权利和义务，同时，组织的利益和成员个人利益是一致的，有利于保障农户个体的利益。农业合作组织对板栗的集约型生产具有极大的指导和影响作用。此外，农业合作组织是有效连接市场和加工企业的枢纽。

2. 积极提高自身素质

农民应当积极参加政府组织的各类培训班，努力提高自身素质，掌握新型种植和栽培技术，提高劳动技能，克服劳作中的困难，成为符合时代要求的新型农民。

乳制品消费行为分析
——基于北京市 200 份调查问卷

高彬斌　李欣　张启森　王可　马圣乔　王时雨　高翔　王鑫源

一、问题提出

北京是乳制品消费水平较高的城市之一，年人均消费乳制品 32 千克。北京的区位优势，自然会吸引全国各大乳品企业为提升品牌的影响力到此"攻城略地"，采取各种营销手段抢占市场，北京市乳制品流通市场竞争处于白热化状态，具有鲜明的特点。

2008 年，中国乳制品出现严重质量问题，对于尚不成熟的中国乳制品市场是沉重的打击。研究北京市乳制品的消费者行为，目的是了解目前消费者的对国产乳制品的消费状况和信心。食品的质量安全问题越来越被人们所关注，消费者健康意识日益增强，对食品的质量安全与质量信息的需求也日益增加。乳制品作为居民日常生活中不可或缺的食品，保证其质量安全对人们的生活至关重要，了解消费者的乳制品消费行为，能够帮助我们更加科学地预测乳品市场变化。

二、问卷调查

基于北京市乳制品消费情况,研究小组对消费者进行问卷调查,掌握消费者的乳制品消费状况,了解消费者对国内外乳制品的信任程度。主观问题采用李克特量表法(Likert scale),其中 5 种答案形式,能够方便回答者表明自己的观点。本研究共发放问卷 240 份,剔除缺少逻辑的问卷,收回有效问卷 213 份,回收率 88.75%(见表 1)。

表 1　　样本描述性统计

组别		样本数(份)	所占比例(%)
北京		213	100
性别	男	79	37
	女	134	63
年龄(岁)	18~30	100	47
	31~40	38	18
	41~50	31	15
	51~60	25	12
	60 以上	19	8
文化程度	小学及以下	10	5
	初中	21	10
	高中或中专	29	14
	大专	32	15
	大学本科	96	45
	研究生及以上	25	10
家庭收入(元)	无	8	4
	3000 及以下	68	32
	3000~5000	57	27
	5000~8000	51	24
	8000 及以上	29	13

三、问卷的处理与分析

（一）消费者购买行为

以家庭食用乳制品总消费量为指标，分别用具体数字表示，按每周平均购买次数：每两周购买一次为0.5，每月购买一次为0.25，每两个月购买一次为0.125，每季度购买一次为0.08，每半年购买一次为0.04（见表2）。

表2　　　　　　　　　　　消费者年购买频率表

购买频率	次数（次）	百分比（%）
0	7	3.40
0.08	1	0.70
0.125	4	2.10
0.25	34	15.90
0.5	29	13.70
1	56	26.10
2	37	17.20
3	15	7.20
4	6	3
5	1	0.70
6	1	0.50
7	7	3.40

将每周消费者购买的次数转化为年购买次数，然后乘以消费者单次购买量得到样本乳制品总购买量，为25884千克。总样本数为240个，有效样本

数为213个，占总样本88.75%。样本家庭总人数为890人，计算得出消费者平均年消费乳制品29千克。

（二）消费者对乳制品关心指数和信任度

为了保证两个指标的内部一致性，我们利用克朗巴哈系数法（Cronbach's Alpha）计算关心度和信任度之间的关系（见表3），大于0.6说明具有可信度，可以进行研究。

表3　　　　　　　　　　　可靠性分析

克朗巴哈系数	项目个数
0.664	2

（1）关心指数。采用李克特量表（Likert scale）将样本划分为"十分关心、比较关心、不太关心、不关心、未听说"5个指标，计算出有效样本213个，无效样本27个（见表4）。

表4　　　　　　　　　消费者对乳制品关心程度表

关心程度	次数	百分比（%）	有效的百分比（%）	累积百分比（%）
十分关心	87	37.7	40.9	40.9
比较关心	95	41	44.4	85.3
不太关心	19	8.3	9	94.3
不关心	11	4.8	5.2	99.5
未听说	1	0.5	0.5	100
总计	213	92.3	100	

（2）信任度。将样本分为"一如既往地信任支持、有选择的信任支持、

信任度有所降低、不再信任、说不清"5个指标,总计240样本,有效样本213个,无效样本27个(见表5)。

表5 "三聚氰胺"事件发生后,对国内著名乳品品牌的信任度

信任程度	次数	百分比(%)	有效的百分比(%)	累积百分比(%)
一如既往地信任,支持	28	11.9	12.9	12.9
有选择的信任,支持	87	38.1	41.3	54.2
信任度有所降低	82	35.6	38.6	92.8
不再信任	10	4.2	4.6	97.3
其他	1	0.6	0.6	98
说不清	4	1.8	1.9	99.9
其他	1	0.1	0.1	100

利用关心度计算公式,将5个指标进行赋值,得到公式:

对国内乳制品品牌的信任度 = 信任频率 × 分值 ÷ 样本总数

$$= (28 \times 5 + 87 \times 4 + 82 \times 3 + 10 \times 2 + 6 \times 1) \div 213$$

$$= 3.56$$

可见,消费者对国内乳制品的信任度处于"信任"和"一般"之间。

(三)消费者对乳制品的认知度排序

选取消费者对乳制品品牌的喜欢程度进行排名,乳制品品牌包括:蒙牛、伊利、三元、光明、旺仔、达能、帕玛拉特、完达山、伊莱克斯、雀巢、澳士佳、科尔沁、惠氏、达利园、阿尔曼、雅培、培芝、美赞臣、雪凝、圣元、多美滋、原料奶、其他、说不清。感知度分为三个级别:第一喜欢、第二喜欢、第三喜欢(见表6)。

表6		统计资料	单位：个
样本	第一喜欢	第二喜欢	第三喜欢
有效	181	173	168
遗漏	32	40	45

通过SPSS进行描述性分析，得知乳制品的"第一喜欢"有效样本为181个，占总数85%；"第二喜欢"有效样本为173个，占总数81%；"第三喜欢"有效样本为168个，占总数79%。随后对消费者样本数据进行整理，得到了表7乳制品喜欢程度频率表。

表7		乳制品喜欢程度		单位：次
品牌	第一喜欢次数	第二喜欢次数	第三喜欢次数	合计
蒙牛	127	386	117	183
伊利	338	149	125	177
三元	194	59	184	126
光明	28	62	176	76
旺仔	15	13	20	15
其他	7	3	12	62
总计	709	672	634	639

将消费者选择次数最高的前五名制作成图1，可见在北京市的消费市场中蒙牛占比为30%，伊利占比为29%，三元占比为21%，光明占比为13%，旺旺占比为2%，其他占比为5%。作为比较，在2015年国家统计局公布的液态奶前五品牌排名中，除去其他品牌的35%占有率，依次是伊利（25%）、蒙牛（13%）、娃哈哈（12%）、光明（9%）、旺旺（6%）（见图2）。

通过调查数据2015年液态奶品牌占有率（图2）比较发现：北京市的消费者喜爱度的排名基本与2015年全国品牌占有率的排名趋于一致。这也证明

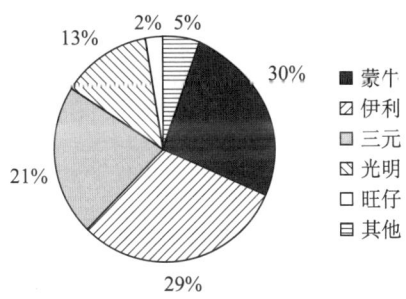

图1 消费者品牌选择占比

了此次调查的真实性。由于数据调查对象是北京市消费者，北京市本地的乳制品品牌具有相对的优势，所以数据显示消费者对三元的喜欢程度较高。

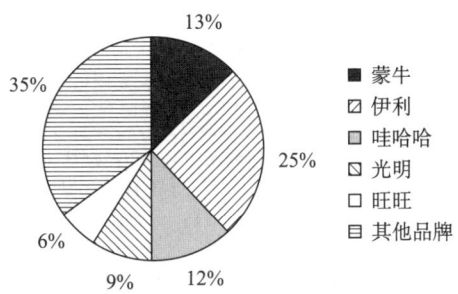

图2 2015年液态奶前五品牌占有率

数据来源：中华人民共和国国家统计局。

四、变量设定和模型构建

我们从消费者特征、消费者心理、消费意愿、营销环境、营销战略产品信息5个层面，选出影响消费者购买乳制品的意愿和行为的16个指标作为解释变量X，选取消费意愿中的1个变量作为被解释变量Y，以此作为模型中的变量。模型中选取的消费者对乳制品的消费行为和信息需求的变量均为有序的类别变量，因此采用有序 Logistic 回归模型进行参数估计，具体变量名称和变量定义如表 8、表 9 所示。有序 Logistic 回归模型表达式为：

$$P(y = j \mid x_i) = \frac{1}{1 + e^{-(\alpha + \beta X_i)}}$$

表 8　　　　　　　　　　　模型中变量的定义

	变量名称	变量定义	均值	标准差
消费者特征	性别（X_1）	男 = 1；女 = 2	1.6300	0.4840
	年龄（X_2）	20 岁以下 = 1；21~30 岁 = 2；31~40 岁 = 3；41~50 岁 = 4；51~60 岁 = 5；61 岁以上 = 6	2.9502	1.3446
	文化程度（X_3）	初中或以下 = 1；高中或大专 = 2；大学 = 3；研究生或以上 = 4	2.5216	0.8692
	收入（X_4）	3000 元以下 = 1；3001~5000 元 = 2；5001~8000 元 = 3；8001 元以上 = 4；无固定收入 = 5	2.5050	1.2416
产品信息	第一考虑（X_5）	品牌 = 1；口感和口味 = 2；价格 = 3；产品质量 = 4；产地 = 5；购买方便 = 6；媒体报道宣传 = 7；有促销活动 = 8；生产日期和保质期 = 9；包装 = 10；品种 = 11；营养成分 = 12；广告 = 13；市场销量 = 14；时尚 = 15；是否假冒伪劣 = 16；容量大小 = 17；是否需要低温保存 = 18；其他 = 19	4.7800	3.9720
	第二考虑（X_6）	品牌 = 1；口感和口味 = 2；价格 = 3；产品质量 = 4；产地 = 5；购买方便 = 6；媒体报道宣传 = 7；有促销活动 = 8；生产日期和保质期 = 9；包装 = 10；品种 = 11；营养成分 = 12；广告 = 13；市场销量 = 14；时尚 = 15；是否假冒伪劣 = 16；容量大小 = 17；是否需要低温保存 = 18；其他 = 19	4.8400	3.9170
	第三考虑（X_7）	品牌 = 1；口感和口味 = 2；价格 = 3；产品质量 = 4；产地 = 5；购买方便 = 6；媒体报道宣传 = 7；有促销活动 = 8；生产日期和保质期 = 9；包装 = 10；品种 = 11；营养成分 = 12；广告 = 13；市场销量 = 14；时尚 = 15；是否假冒伪劣 = 16；容量大小 = 17；是否需要低温保存 = 18；其他 = 19	5.2400	4.0960

续表

	变量名称	变量定义	均值	标准差
营销环境	对中国乳制品看法（X_8）	有信心=1；比较有信心=2；不太有信心=3；没有信心=4	2.3300	0.7570
	忠诚度建设（X_9）	及时公布信息=1；维护消费者权益=2；普及乳制品知识=3；价格调控=4；确保市场效应=5	2.1600	1.2060
消费者行为	液态奶消费（X_{10}）	显著增加=1；有所增加=2；保持不变=3；有所减少=4；显著减少=5	2.9000	1.0940
	酸奶消费（X_{11}）	显著增加=1；有所增加=2；保持不变=3；有所减少=4；显著减少=5	2.9900	1.3140
	奶粉消费（X_{12}）	显著增加=1；有所增加=2；保持不变=3；有所减少=4；显著减少=5	4.6900	1.7740
消费者心理	影响因素（X_{13}）	口感更好=1；质量更安全=2；受亲戚朋友的影响=3；个人消费习惯=4；广告宣传=5；其他=6	3.1000	1.9670
消费者意愿	乳制品安全（X_{14}）	一如既往地信任=1；有选择地信任=2；信任有所降低=3；不再信任=4；其他=5	1.8000	0.8440
	乳制品信任度（X_{15}）	放心=1；比较放心=2；不太放心=3；很不放心=4；说不清=5	2.1900	0.8000
	企业信任度（X_{16}）	放心=1；比较放心=2；不太放心=3；很不放心=4；说不清=5	2.4500	0.9430
	购买乳制品的种类（Y）	巴氏消毒奶=1；普通消毒奶=2；强化奶=3；花色奶=4；高脂高蛋白奶=5	1.9900	1.1880

表9　消费者购买意愿有序 Logistics 回归结果

	卡方	df	sig.
X_1	13.5100	4	0.0090
X_2	949.6100	20	0.0000

续表

	卡方	df	sig.
X_3	129.7780	12	0.0000
X_4	175.9930	16	0.0000
X_5	174.5790	52	0.0000
X_6	99.4130	56	0.0000
X_7	125.7230	64	0.0000
X_8	103.5100	12	0.0000
X_9	126.6330	24	0.0000
X_{10}	185.1900	20	0.0000
X_{11}	72.0710	20	0.0000
X_{12}	200.8450	20	0.0000
X_{13}	179.8360	16	0.0000
X_{14}	50.6590	16	0.0000
X_{15}	146.6640	16	0.0000
X_{16}	297.8000	24	0.0000
	Cox&Snell	0.7950	
	Nagelkerke	0.8550	
	McFaddden	0.5980	

根据前文所述的模型分析的方法，从模型的总体评价与显著性来看，各因素对消费者意愿的影响方面与程度十分相似，消费者意愿影响因素的回归分析结果见表10。从整体检验统计结果来看，模型的拟合结果非常好，伪 R^2 模型的变量对因变量的解释能力越接近1，说明解释能力越好，模型的伪 R^2 模型取值为0.795，说明模型的解释能力非常好。

表10　　　　　　　　　　模型预测分类表

观察值	预测值					
分类	巴氏消毒奶	普通消毒奶	强化奶（添加维生素与微量元素）	花色奶（添加咖啡、可可、果汁等）	高脂高蛋白奶（添加浓缩乳蛋白、稀奶油等）	百分比校正（%）
巴氏消毒奶	190	15	9	1	2	87.60
普通消毒奶	27	61	1	1	0	67.80
强化奶（添加维生素与微量元素）	22	7	31	0	1	50.80
花色奶（添加咖啡、可可、果汁等）	3	0	0	29	0	90.60
高脂高蛋白奶（添加浓缩乳蛋白、稀奶油等）	0	0	0	0	29	100.00
总百分比（%）	56.40	19.30	9.60	7.20	7.50	79.30

模型在预测高职高蛋白奶选择倾向上准确率最高，达到100%；花色奶选择倾向达到了90.6%；巴氏消毒奶选择倾向达到87.6%；普通消毒奶选择倾向达到67.8%；强化奶选择倾向达到50.8%。前面伪R^2数据显示，模型对总体变异的解释能力很强，这和总体预测准确率结论一致。

五、结论与展望

根据模型分析，研究小组发现：设置高脂高蛋白奶为参考值，巴氏消毒奶选择意愿与性别、年龄、文化程度、产品信息、营销环境、消费者心理指标显著呈正相关，与收入、消费者行为呈负相关；普通消毒奶选择意愿在性别、年龄、文化程度、产品信息、消费者心理指标呈正相关，与收入、营销环境指标呈负相关；强化奶选择意愿与性别、年龄、产品信息、消费者心理呈正相关，在文化程度、营销环境指标呈负相关；花色奶选择意愿与性别、年龄、收入、消费者行为指标呈正相关，与文化程度、产品信息、营销环境、消费者心理指标呈负相关。

从2017年上半年检测超市液态奶和配方奶粉销售情况来看，进口液态奶消费明显增加，进口与国产的平均价格比明显下降，以低价竞争的方式对抗国内奶。配方奶粉市场占比增长也很快，基本维持在很高的状态，进口乳制品占据了国内大部分市场。国外品牌的平均成本很低，其销售价格比国内价格低，毛利率比中国品牌低。婴儿奶粉也保持着相同的状况，我国居民购买乳制品时很在乎产地。我国乳品企业为了引导消费者的需求，做出了很大的努力，我国逐步成为全球最大的乳制品消费市场。